【口絵1】 環境中の微生物たち。核酸染色剤で琵琶湖の水中に棲む微生物を染めた後、蛍光顕微鏡を使って観察。右下の線の長さは10マイクロメートル（0.01ミリメートル）。（写真提供：京都大学生態学研究センター　藤永承平氏、岡崎友輔氏、中野伸一教授）

【口絵2】 薩摩硫黄島のまわりの赤い海。海岸から湧き出る炭酸鉄泉と、海水とが混じり合って、海水の色が変わる。赤色は鉄質沈殿物。

【口絵3】 薩摩硫黄島にある東温泉。湯温は52℃。pHは1.5。イデユコゴメという緑色の藻類（紅藻の仲間）が群がっている。

【口絵4】 高アルカリ温泉が湧き出るそばで真っ白になる川。白色の正体は炭酸塩鉱物。温泉水に含まれるカルシウムイオンと、河川水中の炭酸イオンとが反応して炭酸カルシウムができる。

【口絵5】 北極圏のノルウェー領、スピッツベルゲン島にそびえる山々。

【口絵6】 世界最北の温泉「トロルの泉」にてサンプリングをする筆者。泉には黄緑色をした微生物たちが、ものすごい数で繁茂している。（写真提供：広島大学　長沼毅教授）

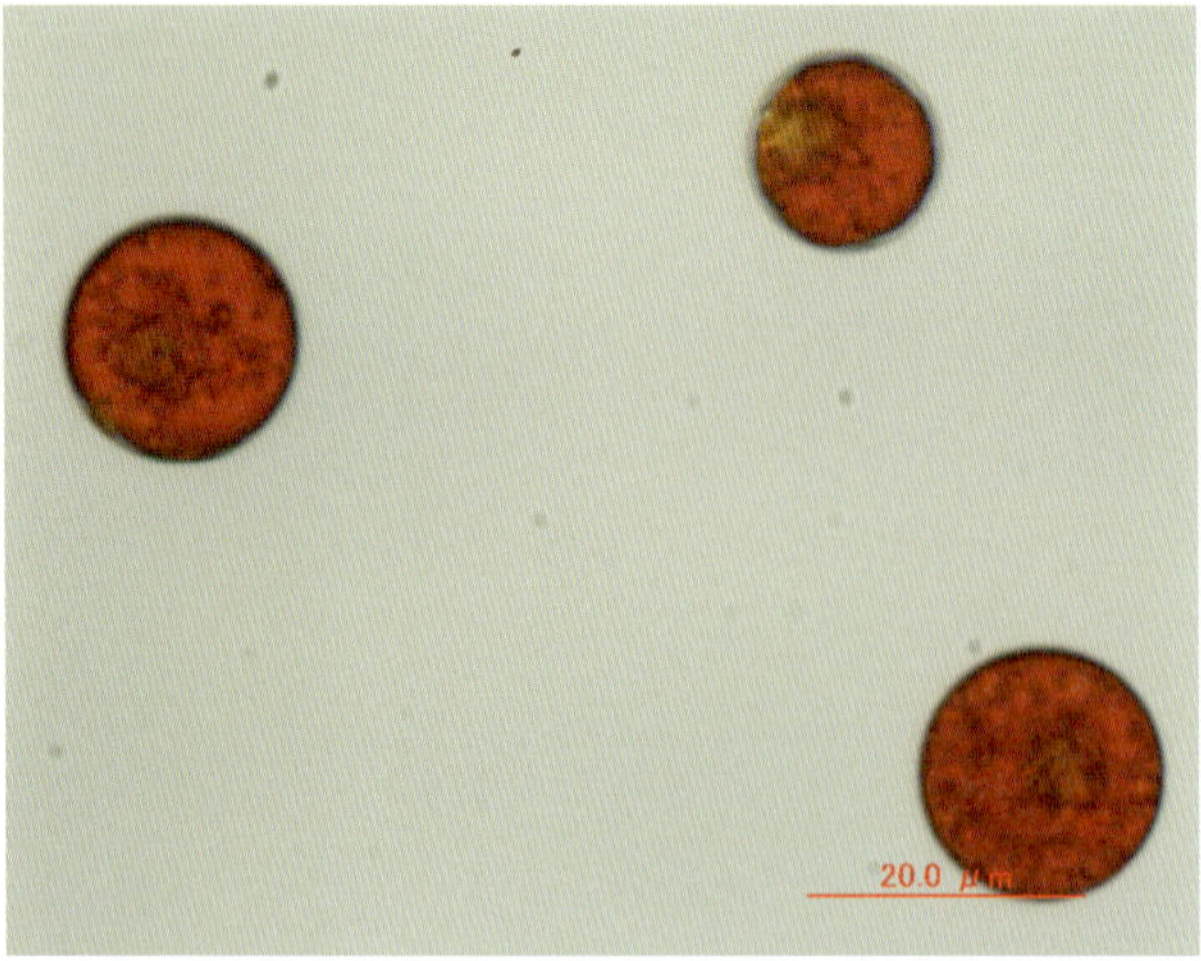

【口絵7】　チリ・モチョ氷河から見つかった雪氷藻類。クラミドモナス属（*Chlamydomonas*）あるいはクロロモナス属（*Chloromonas*）の仲間と思われる。右下の赤い線の長さは20マイクロメートル（0.02ミリメートル）。（写真提供：コロラド州立大学　植竹淳博士）

【口絵8】　氷河の氷の上にできるクリオコナイトホール。直径数センチメートルの小さな水たまりの底には、シアノバクテリアがつくりだした黒い塊（クリオコナイト粒）がある。この塊の中にさまざまな微生物が暮らしている。

【口絵9】 酸素を発生しないタイプの光合成を行う、ロゼオバクター属（*Roseobacter*）の微生物OBYS0001株。大槌湾で見つかったこの微生物は、カロテノイドを産生するため、寒天培地上でピンク色のコロニー（菌集落）をつくる。（写真提供：首都大学東京／日本学術振興会特別研究員RPD　髙部由季博士）

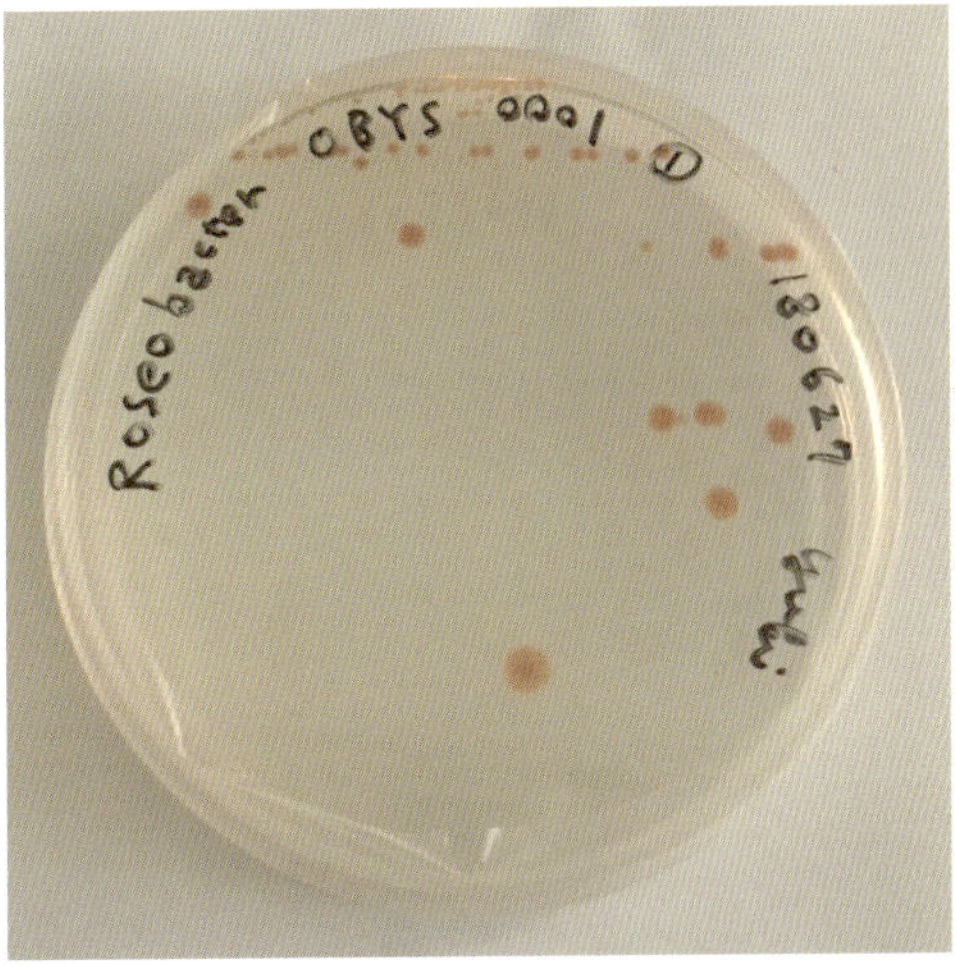

【口絵10】 南極湖底に見られる、コケ坊主と呼ばれるコケの塔。その頭頂部では生き生きとした緑色のコケが見られる。大きいものでは高さ80センチメートルにもなる。（写真提供：国立極地研究所　伊村智教授）

【口絵11】 南極の露岩域。雪や氷に覆われていないため、赤茶けた岩肌を見ることができる。

【口絵12】 コケ群落のまわりでサンプリングをする筆者。南極のラングホブデ域ではコケや地衣の群落が見られる。植生を傷つけないように慎重に調査する。（写真提供：阿部夕香氏）

【口絵13】 岩にへばりついて暮らす地衣類。地衣類は菌類と藻類の共生体。

【口絵14】 南極の湖で見つけた藻類の塊。藻類が寄り集まってできている。湖底から剝がれた藻類塊が湖岸に打ち上げられていることが多い。

【口絵15】 南極の湖でボート観測中の筆者ら。場所を移動しながら、湖底の堆積物をサンプリングする。（写真提供：慶應義塾大学　鈴木忠博士）

【口絵16】 南極のインホブデ域で調査中の筆者ら。微生物が多く潜んでいそうな場所を探して歩き回る。（写真提供：阿部夕香氏）

追跡！辺境微生物

砂漠・温泉から北極・南極まで

中井亮佑［著］

築地書館

はじめに

みなさんは「生き物」と聞いて何を想像するだろうか。イヌやネコなどの動物、あるいはカブトムシやクワガタなどの昆虫を思い浮かべる人が多いかもしれない。アサガオやヒマワリなどの植物を思いつく人もいるだろう。

私が小学生の頃なら真っ先にセミと答えたに違いない。毎年夏休みになると、母の実家に遊びに行くのが何より楽しみだった。実家に着くと、いつも祖父は私を近所の公園に連れていってくれ、アブラゼミを捕まえる技をあれこれと教えてくれた。さらに、セミがよく羽化する秘密の場所を祖父は知っていた。羽化したばかりのあの真っ白な姿と、ゆっくりとひろがるうすい緑色の羽を見た時の衝撃を今でもはっきりと覚えている。そこで見つかるいろいろな大きさのセミの抜け殻は大切な宝物だった。そういえば、その頃よく読んでいた昆虫図鑑の表紙はセミが羽化する瞬間をとらえた写真で、当時の私にとってセミはかっこいい生き物の代表だった。

三十四歳の今、私はある生き物をあれこれと調べる生物学者である。しかし、それはセミではない。正直に言えば、小さい頃に夢中だったセミはどうも苦手になってしまった。あんなに好きで仕方がなく、図鑑のセミのページを食い入るように眺めていたのに。木陰からセミが急に出てきて、悲鳴を上げてしまったことがあるくらいだ。こんなことでは生物学者として失格かもしれない。

だが、私が調べている生き物はセミのような「目に見える」昆虫ではない。微生物と呼ばれるものだ。「目に見えない」くらい小さな生き物たちである。みなさんは普段その存在を意識することなどないかもしれない。

微生物とは何者か？　実は、微生物という呼び名はある決まった生き物を指す言葉ではない。そこにはカビや酵母などの菌類、アメーバなどの原生動物、小さな藻類、細菌（バクテリア）と呼ばれるさまざまな生物が含まれる。納豆をつくる納豆菌や、私たちのお腹に棲んでいる大腸菌も細菌の仲間だ。

微生物の中でも細菌は特に小さい。たとえば、大腸菌の大きさは長さ一～二マイクロメートル、直径〇・五～一マイクロメートルである。一マイクロメートルは一〇〇〇分の一ミリメートル。細菌の大きさは髪の毛の太さ（約〇・一ミリメートル）の一〇〇分の一ほどだ。細菌がいかに小さな生き物か想像できるだろう。しかしその小ささゆえに、自分の日で簡単に確かめることができない。そのため微生物は得体のしれない生き物と思う人たちが多いようだ。例にもれず私も、研究をはじめるまでは、微生物と聞くと「バイ菌」や「病気を引き起こす厄介者」という発想しかできなかった。

微生物は小さい。しかし、ただ小さいというだけで、その存在を無視していいわけではない。微生物、特に細菌は、膨大なる数で私たちの身近に存在している。たとえば、私たちの大腸の中に棲む細菌たち（腸内フローラと呼ばれる）の数は約三九兆個にも達する。[1] これは人間の体をつくる細胞の数（約三七兆個[2]）とほとんど変わらない。腸内細菌がつくりだすさまざまな物質、そして腸内フローラの多様性は、私たちの健康と深く関わっていることもわかってきた。あなたも私も体内は細菌で満ちているのだ。そして微生物なしで私たちは生きていられない。

身の回りに暮らす微生物たちの数もまたすごい。一九九八年にアメリカの研究グループが地球上に存在する細菌の数を真面目に計算して、その数が一〇の三〇乗個にもなると見積もった。[3] その重さ（正確には炭素重量）はなんと約三五〇〇億〜五五〇〇億トンである。[3] これらの値は大まかな見積もりであったものの、最近の研究成果[4]をもとに計算しなおしても約五二〇億〜二七〇〇億トンという数値が出た。想像すらできない重さである。

微生物一つ一つは小さいが、そのすべてを集めると数も重さもとんでもない大きさになる。そして、ある微生物は光合成を行ったり、また別の微生物は多くの生き物が利用できない空気中の窒素ガスを利用できるもの（アンモニア）に変えたりと、自然という大舞台の中でさまざまな能力を発揮している。すなわち、目に見えない微生物たちが肉眼で見える世界にまで影響を及ぼし、他の生き物の生を支えているとも言える。

さて、この本の主人公は微生物である。その中でも特に細菌を取り上げる。本書で「微生物」や「菌」と書いた時には、細菌のことを指している。しかし残念ながら、私が主に調べているのはみなさんの身近にいる微生物ではない。実は、微生物たちは地球上のいたるところに棲んでいる。地球の最果てである北極や南極、そして大気中や海の底など、私たち人間が決して住むことができないような場所、いわゆる「極限環境」や「辺境」と呼ばれる場所でさえも微生物はたくさん存在する。私は、そのような厳しい環境に生きる微生物たちに魅せられている。こうした微生物を本書では特に「辺境微生物」と呼ぶことにする。

辺境微生物は私たちには想像もできない性質を持つ。いくつか例を挙げてみよう。海の底から見つかった一二二℃で増殖できるもの[5]、凍った土より発見されたマイナス一五℃で活動するもの[6]、他には四〇万Gの重力（地球上の重力は一G）に耐えるものさえいる[7]。念のため断っておくが、これらは空想上の生き物ではない。微生物ハンターたちが発見してきた実在する微生物である。普段目にする「ふつう」の動物や植物とはまったく違う生き物ばかりだ。

微生物たちの能力を見ていると、地球上の生き物がいかに多様であるか、また驚くべき可能性を秘めているかを考えなおすことになる。なぜ海底にいる微生物は一〇〇℃を超えても生きていられるのか？　一方、なぜ私たちはそんなところで暮らすことができないのか？　疑問がいくらでも湧いて出てくる。そんな、常識をひっくり返す微生物の存在に私はワクワクし続けている。

では、どのようにして辺境に生きる微生物たちを調べるのか？

その答えは簡単だ。微生物の生き様を知るための第一歩は現場に行くことに尽きる。私はこれまで辺境のフィールドで調査を行いながら、そこに暮らす微生物を見たり、捕まえたり、飼ったりしてきた。時には、辺境微生物に含まれる遺伝物質（DNA）というものを細かく調べたりもした。

この本では、それぞれの辺境での体験を紹介していきたい。第1章は不毛の「砂漠」、第2章は強酸性や強アルカリ性の「温泉」、そして第3章と第4章では極寒の「北極と南極」。そして最後の第5章は、ちょっと見方を変えて、微生物の世界の中でも特に小さな「極小」世界について触れる。さまざまな辺境を見ながら、微生物たちがどこにでもいることを伝えたい。また、微生物の生態だけではなく、フィールド調査の様子も盛り込んでいる。現場での調査の雰囲気が少しでも伝わればと思う。本書を通して、辺境微生物たちの世界に興味を持っていただけたなら、著者としてこの上ない喜びである。

追跡！辺境微生物　目次

第2章　温泉

第3章　北極

第1章　砂漠

「いちばんたいせつなことは、目に見えない」

サン＝テグジュペリ著　河野万里子訳『星の王子さま』新潮社

（写真提供：広島大学　長沼毅教授）

サハラ砂漠で微生物ハンティング

二〇〇九年十一月、私はサハラ砂漠にいた。アフリカ北部を覆うこの砂漠の広さは約九一〇万平方キロメートルで[1]、日本の面積の約二四倍だ。とてつもなく広い砂漠である。調べてみると、サハラという名前は、アラビア語で「荒れた土地」を意味するサフラーに由来するらしい[1]。

まわりを見渡すと、そこには砂、砂、砂（図1-1）。不毛の大地。サン＝テグジュペリの『星の王子さま』に登場する王子さまはアフリカの砂漠でヘビと出会う。そこでヘビは「ここは砂漠だ。砂漠には誰もいない」と言う。そう語るように、砂漠は私たち人間が快適に生活できるようなところではない。しかしこんな場所でさえも、目に見えない辺境微生物たちは暮らしている。

大学院生の私は、指導教員である長沼毅先生と二人でこの果てしなく広い砂漠、正しくはその東の端に位置する小国チュニジアにやってきた。ちなみに大学や大学院では、教員が率いる「研究室」、いわば一つの研究チームに入る。研究室の中で、先生、時には先輩や同期・後輩といろいろ議論しながら、自分の研究に取り組む。広島大学にある長沼先生の研究室では、先輩がサハラ砂漠から面白い微生物をたくさん見つけていた。大学院に進んだ私にとって、砂漠で他の新しい微生物を探し出すことは大きな目標の一つだった。

先輩が発見した微生物の一つに、ヴィルギバチルス・サラリウス（*Virgibacillus salarius*）という

図1-1　砂ばかりの世界。チュニジア共和国のサハラ砂漠東縁。
（写真提供：広島大学　長沼毅教授）

名前（学名）の微生物がある（図1-2）[2]。はじめて学名を見た人は、これが何かの呪文のように見えるかもしれないが、慣れてほしい。なぜならラテン語でつける学名は世界共通の名前であるからだ。私たち人間を例にすると、その学名はホモ・サピエンス（*Homo sapiens*）である。

細かくいうと、*Virgibacillus* が属名、*salarius* が種形容語（動物学などでは種小名）と呼ばれる。属名や種形容語は斜体や下線つきで記される。このように二つの単語を使って学名をつけるのだ。私たちと同じように、小さな微生物たちにもそれぞれ名前がついている。

ヴィルギバチルス・サラリウスはただ新種の微生物だっただけではない。驚くべきこと

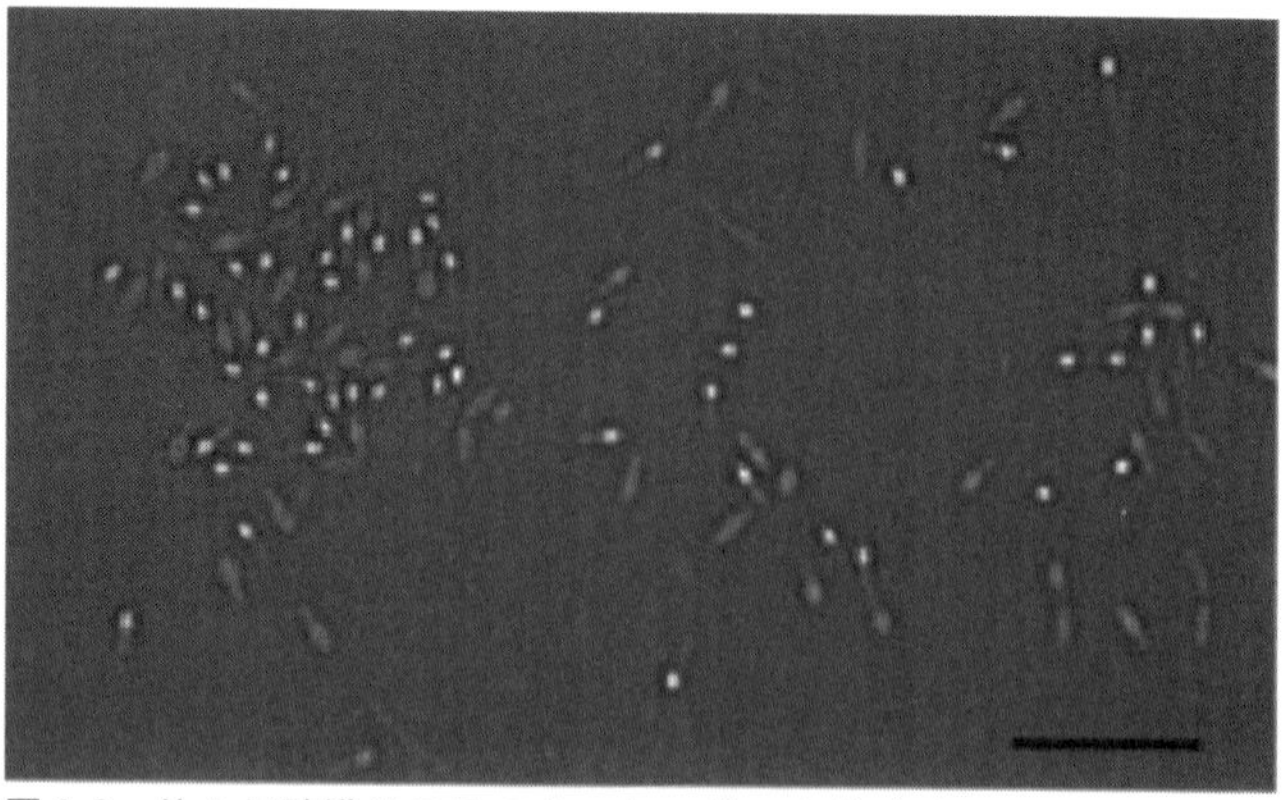

図 1-2　サハラ砂漠から見つかった、ヴィルギバチルス・サラリウス（*Virgibacillus salarius*）。厳しい環境に耐えられる「芽胞」という細胞構造をつくる能力がある。右下の黒い線の長さは 5 マイクロメートル（0.005 ミリメートル）。（写真提供：広島大学　長沼毅教授）

に、この菌は、アメリカで採取された二億五千万年前の塩の結晶（岩塩）から蘇った菌とよく似ていた[3]。この永い眠りから目覚めた岩塩菌は、研究業界で有名な科学雑誌『ネイチャー』に掲載されて話題となった（後注を参照）。二億五千万年前といえば、地質年代でいうと古生代の末期にあたり、恐竜が現れる中生代がはじまろうとする頃である。つまり、サハラ砂漠とアメリカという空間的な距離だけではなく、時間的にも遠く隔ててこの微生物が存在することがわかったのだ。

サハラ砂漠には他にも時空を超える辺境微生物がいるかもしれない。そんなことを考えながら、調査の準備を進める。まずは現地のガイドに相談して、普段人が立ち入らない場所を調査地点として決めていく。人がたくさんいる場所で調査すると、私たちの身体に暮らす「ふつう」の微生物が混入する可能性が少なからずある。そのため、観光地となっているような場所は調査対象から外さなければならない。
幸いにも、ガイドは観光案内の経験が豊富で、観光客が訪れない、調査にふさわしい所をいろいろと教えてくれた。調査地が決まれば、あとは現場に向かうだけだ。目的地近くの都市ザフランまで車で移動し、そこでラクダに乗りかえる。いよいよ微生物ハンティングのはじまりだ！

［注］岩塩菌の蘇生については、いくつかの反論があることもここに記しておきたい。反論の根拠としては、復活した岩塩菌が持つＤＮＡの塩基配列が現代の微生物とあまりにも似すぎていることと(4)、岩塩の年代推定そのものが正しいかどうかということがある(5)。その後、研究チームは科学雑誌上で反論について答えたものの(6)、それに対する再反論もなされている(7)。このように、科学の世界では、実験の結果をもとに議論を重ねることで、結論の妥当性が検証されていくのだ。

ラクダに揺られて

砂漠の船、ラクダ。と聞くと、みなさんは背中に二つの「こぶ」を持つフタコブラクダを思い浮かべるかもしれない。このラクダなら、こぶとこぶの間に座ることができるので、何も不自由はない。しかし、サハラ砂漠にいるラクダはヒトコブラクダで、その名のとおり背中のこぶは一つだけだ（図1-3）。日本を出発する前に想像していたのと違って、ラクダの上にしっかりと座ることが

図 1-3　ヒトコブラクダ。背中のこぶが 1 つだけなので乗りにくい。
（写真提供：広島大学　長沼毅教授）

できない。座る位置が定まらない。さらに盛り上がった砂丘の高低差は大きく、進むたびに前や後ろへ身体がもっていかれる。

私の乗るラクダは「アリババ」という名前だった。とにもかくにもアリババから落ちないように踏ん張るのがやっとである。手綱を力いっぱい掴んでいるので、軍手は穴だらけになり、手のひらに血豆ができる。トラブルは続く。私の体重が一〇〇キロをゆうに超えていて（著者注：今は八〇キロ台を維持している）、身体全体で手綱を引っ張り続けるせいかアリババがすぐに疲れてしまう。休憩を何度もとらなければならず、調査が少しずつ遅れていく。ただただ焦る。

そんな中、横を見ると長沼先生はラクダ（名前はシュシュ）の上であぐらをかいて座ったり、写真を撮ったりと、ラクダ乗りに慣れているようだ。砂漠での調査が決まった時、先生から「ロデオマシーンを使って、ラクダに乗るイメージ・トレーニングをしておくように」と言われていたのを思い出す。確かに先生の部屋にはロデオマシーンがあった。まさか冗談だろうと思っていたが、実際に乗ってみるとラクダから落ちないか気になるばかりで、調査地に向かうまでの写真記録が不十分なものとなる。先生がたくさん記録してくださっていたのでよかったものの、本来このようなことは許されない。

ラクダ乗りに苦戦しながらも、ようやく目的の場所に着いた。調査地では土や砂をかき集めて袋につめていく。日本に帰ってから実験を行うため、現場では研究材料を集めることに集中する。ちなみに、海外で採った土や砂は「輸入禁止品」にあたり、日本へ勝手に持ち込むことができない。なぜなら有害な病害虫や微生物が土などに付着している可能性があるからだ。農林水産省の植物防疫所にあらかじめ届け出たうえで、輸入許可証を得る必要がある。日本に持ち込んだ後も、それらを安全かつ適切に管理しなければならない。

いろいろな場所で砂を採りながら、ＧＰＳで位置情報を記録していく。もし面白い辺境微生物が見つかれば、またここに来る可能性がある。そのための記録だ。フィールドに出ていると、あっという間に時間が過ぎてしまう。ふと気づけば、太陽はもうすっかり沈みかけ、あたりが暗くなってきた。今宵は砂漠の真ん中でテントに泊まることにする。

チュニジアに来る前の私の砂漠に対するイメージ。それは「暑い」、ただそれだけだった。しかし、砂漠は一日のうちに四季があるといわれるように、気温の変化がとても大きい。ガイドに聞くと、日中には三〇、四〇℃もあった気温が、夜になると〇℃近くまで下がることがよくあるらしい。日が沈むと、確かに気温が急に下がってきた。寒いくらいだ。風邪を引かないように注意しなければならないのだが、いかんせん薄着で来てしまったため、毛布にくるまって寝る。ここに暮らす辺境微生物たちも気温の大きな変化を経験しているのだろう。

数日後、今度はチュニジア南部の都市マトマタで調査を行うことに決めた。マトマタは映画『スター・ウォーズ』シリーズの撮影が行われた場所として有名である。理由はよくわからないのだが、研究室の先輩はマトマタで採取した砂から特にたくさんの微生物を発見していた。ここでも観光地から遠く離れたところで砂など研究試料を集めていく。この砂の中に、誰の目にも留まることなく、ひっそりと暮らしている辺境微生物がいるかもしれない。後にマトマタからとても珍しい微生物を発見することになるのだが、この時はもちろんそんなことを知るはずもなく、ただあちこちでサンプリングしていた。

微生物を飼う

サハラ砂漠での約一週間にわたる調査を終え、日本へ帰国した。大学に戻り、微生物を調べるための実験を準備する。まずは微生物を飼う。微生物学の業界では「飼う」ことを「培養する」という。微生物を培養するものを「培地」と呼ぶ。栄養の入った液体で培養する時、その液体を「液体培地」、また液体を寒天で固めたものを「固体培地」という。カブトムシやクワガタを育てる時に使う昆虫ゼリーを想像してほしい。昆虫ゼリーは、糖類などを含む液体を寒天で固めたもので、プラスチック製の小さなカップに入っている。微生物を育てる固体培地では、あらかじめ寒天を入れた培地を浅い平皿（シャーレ、別名ペトリ皿）に注いで固めたものを使う。

培地の中に加える栄養源を変えることで、目的とする微生物を選び分けることができる。たとえば、ブドウ糖を好む微生物を探そうと思えば、ブドウ糖が唯一の餌となる培地をつくればよい。先人たちがこれまでいろいろな種類の培地を考えだしており、その培地を試したり、時には改良したりしながら微生物を培養するのだ。

固体培地を使って培養をはじめる。砂漠で採ってきた砂を生理食塩水など水と混ぜて、その上澄みの液体を固体培地の表面に塗りひろげていく。数日が経つと、ついに私の前に微生物たちが姿を現す（図1-4）。肉眼ではっきり見えるようになるのだ。これは、微生物が培地の上で分裂して、

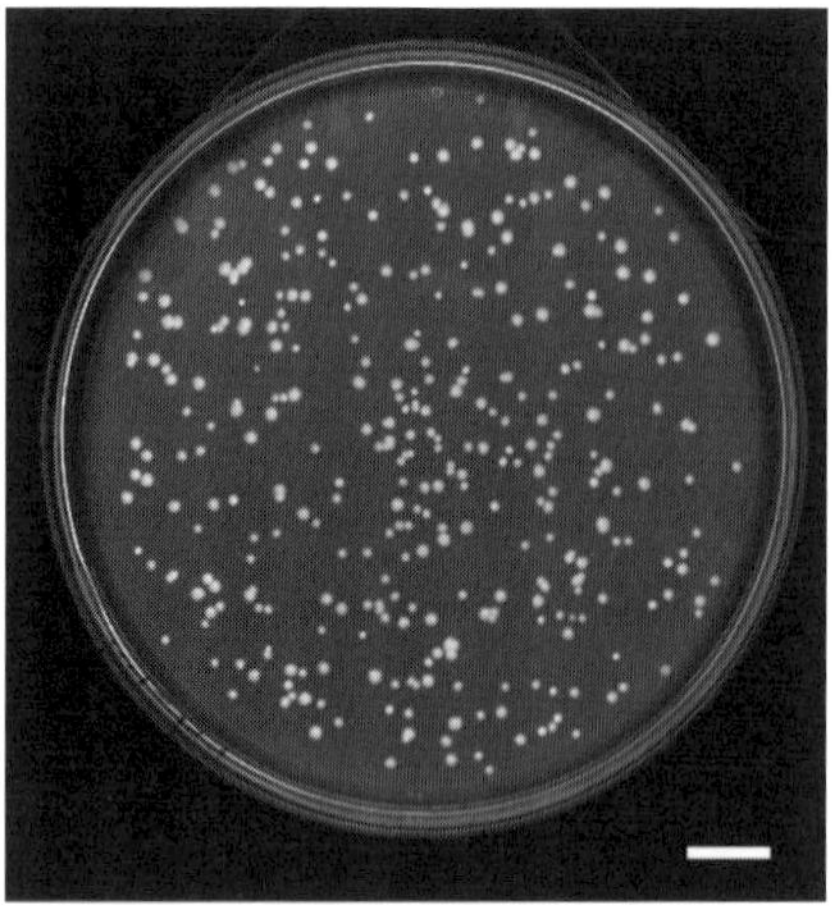

図 1-4　固体培地上に姿を現した微生物たち。右下の白い線の長さは１センチメートル。

二倍、四倍、八倍というふうに倍々に増えた結果である。見えたと言っても「ただの点じゃないか」と思う人が多いだろう。しかし、この直径一～二ミリメートル前後の小さな塊（専門用語ではコロニーという）にはおよそ一億～一〇億個の微生物がいる。すなわち、シャーレ全体に広がるコロニーをすべて足しあわせると、それだけで微生物の数は世界人口をゆうに超える。

それぞれのコロニーをかき取り、また新しい培地に塗ることで、ある一種の微生物を単独で飼うことができる。これを「純粋培養」という。実はこの純粋培養こそが微生物を調べるうえで最も大事なことと言っても過言ではない。環境中はもちろんのこと、液体培地の中ではいろいろな微生物が「ごちゃ混ぜ」でいるので、一つの微生物だけを取り出すことは至難の業である。だが、固体培地を使うことで、この問題をいとも簡単に解決できるというわけだ。

微生物を単独で培養できるようになると、いろいろなことが調べられる。餌として何を好むのか、温度を何℃まであげると死んでしまうのかなど、微生物が持つ特徴がはっきりとわかるようになる。

ところで、昆虫図鑑があるのに、微生物図鑑はないのか？　とよく聞かれることがあるが、もちろんある。それは『バージーズ・マニュアル』という本で、微生物分類におけるバイブルだ。この本には名前（学名）のついた約六五〇〇種もの微生物が載っている。[8]そこには研究者たちが過去に詳しく調べた微生物たちの情報が満載で、これを読めば、それぞれの微生物を育てるコツがすぐにわかる。私も何か新しい微生物を見つけた時は、この本ですぐに調べる。現在はオンライン版もあり、[9]お金を支払えば、誰でもインターネット上で微生物の情報を集めることができる。なお、この本は世界中の人が読めるように英語で書かれている。

「名前のない」微生物たち

培地を用いることで、目に見えなかった微生物をついに見ることができた。これでたった一種類の微生物を飼うことも可能になる。だが、この培養法には一つの大きな欠点がある。

まずは（口絵1）を見てほしい。なぜここで夜空にきらめく星の写真？　と思った人が多いかもしれない。これは星の写真ではなく、核酸染色剤で微生物のDNAを染めて、顕微鏡で覗いた時ののものだ。環境中にはさまざまな形や大きさを持つ微生物がいる。しかしながら、培地を使ったとしても、ここで見えている微生物のほとんどは飼うことができない。驚くなかれ、顕微鏡で観察できる微生物の数に対して培地で育てられるものはたった〇・〇〇一～一％、よくてもせいぜい一五％という事実がある。[10]

なぜこんなごく一部の微生物たちしか飼うことができないのだろうか？

理由の一つとしては、栄養源の種類が微生物の好みに合っていないことが挙げられる。私たちが食べ物に好き嫌いがあるように、微生物それぞれにもその好みがある。ある栄養を与えれば育つはずなのだが、それが何かまったくわからないのだ。さらに、栄養源だけではなく、温度など培養条件も大きく影響する。たとえば二〇℃では生育できるのだが、二〇℃になると死んでしまう、というふうに。他には、われわれにとっては無くてはならない酸素ガスがあるとすぐに死んでしまう微生物もいる。

すべての微生物を一度に培養できる「万能培地」や「万能条件」などがあれば良いのだが、そんなものはない。多くの微生物を培養したければ、考えうるあらゆる培養条件の組み合わせを試すほかない。また、ある種の微生物は単独で生育することができず、他の微生物が必ず一緒にいる必要がある。他者がつくりだす物質なしでは生きていられないのだ。他にも考えられる要因はあるのだが、とにかくさまざまな理由で培養することが難しい微生物が自然界にはものすごい数でいる。

つまるところ、微生物の大事典『バージーズ・マニュアル』に載っている微生物は、全体から見ればごくわずかなのである。正体不明の「名前のない」微生物がまだたくさんいるのだ。そもそも全体でどれくらいの種類がいるのか、はっきりしたことは誰も知らない。最近のデータによると、微生物の種数は一兆にもなるという見積りがある。[11] 私たちのまわりには未知なる微生物世界が広がっているのだ。

培養できない微生物

自然界に生きる微生物の九九％以上は未知のものばかり。では、培養できない微生物たちの素性はどうやってもわからないのだろうか。実はそうではない。遺伝物質たるＤＮＡというものを調べることで、彼らがどういった種類、すなわち系統であるか知ることができる。ＤＮＡ情報を用いて生物を分けることを考えたのは、偉大な微生物学者カール・ウーズである。

カール・ウーズはあるとき思った。自分を取りまくあらゆる生き物——鳥や木々、虫や人間、そして何よりも微生物——の関係性をぜひとも解明したい、と。

ロブ・ダン著　田中敦子訳『アリの背中に乗った甲虫を探して』ウェッジ

カール・ウーズのものすごい発見を書く前に、ここで生物の教科書の復習をすると、人間を含む動物、植物、昆虫、そして微生物など生物の細胞はDNAでできた遺伝子を持つ。DNAはデオキシリボ核酸（deoxyribonucleic acid）という化学物質の略で、「生物の体をつくる設計図」といわれる。ここで重要なのは、DNAに含まれるアデニン（A）、チミン（T）、グアニン（G）、シトシン（C）と呼ばれる四種類の「塩基」という物質である。これら塩基が連なる順番や数が設計図のもとになって遺伝子ができあがる。つまり、生物は塩基の並び（塩基配列）にしたがって体の部品であるタンパク質をつくり続けているのだ。

さらに細かく説明すると、DNAの塩基配列はメッセンジャーRNAという物質に写しとられ（転写）、そのRNAの情報をもとにアミノ酸がつぎつぎに運ばれてきてタンパク質が合成される（翻訳）。この転写から翻訳という一連の流れはセントラルドグマ（中心原理）と呼ばれるほどに重要なプロセスである。ここで大きな役割を担うものに「リボソーム」という細胞小器官がある。そしてこの器官を構成するものの一つが「リボソームRNA」という分子だ。リボソームRNAは生物にとって欠かせないもので、あなたも私もそして微生物も、すべての生物がこれを持つ。

イリノイ大学（アメリカ）のカール・ウーズは、全生物が持つリボソームRNAに目をつけた。

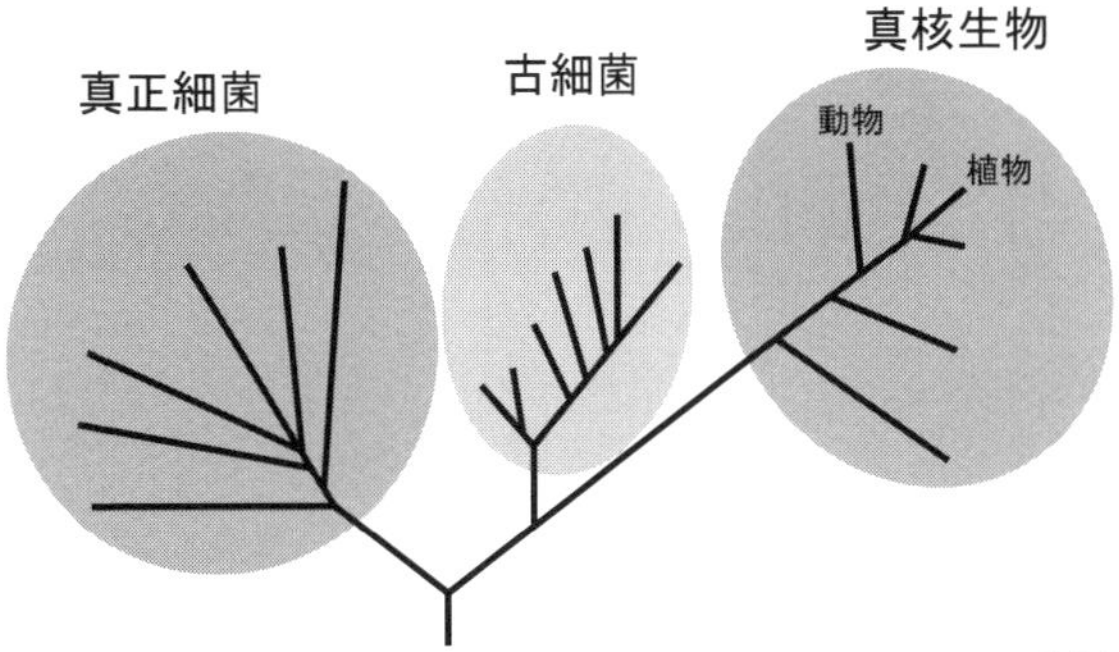

図1-5　リボソームRNA遺伝子の塩基配列を比べて描いた系統樹（文献13より改変）。地球上のあらゆる生物は、真正細菌（バクテリア）、古細菌（アーキア）、および真核生物（ユーカリア）の3つに分類される（丸で囲った部分）。それぞれのグループ（ドメイン）にいろいろな生物が含まれる。本図では動物と植物の系統的位置のみ表記した。

リボソームRNAの設計図である「リボソームRNA遺伝子の塩基配列」を比べれば、生物どうしがどのくらい近い関係にあるのか、ひいては生物の進化の歴史をたどることができるのではないか、と。事実、この塩基配列には生物どうしで似ている部分があったり、異なる部分があったりする。系統的に近い生物どうしでは共通する領域が多いということだ。

かくして、一九七七年、カール・ウーズらが『アメリカ国立科学アカデミー紀要』に発表した衝撃的な論文の要旨はたった一文だった。[12] 簡潔にまとめてしまうと、「リボソームRNA遺伝子の塩基配列を使えば、生物は三つの分類群に分けられる」という内容である。三つのグループ（ドメインという）、それは真正細菌、古細菌、真核生物。ちなみに、動物や植物は真核生物ドメインに含まれる。その後も彼は研究を続け、一九九〇年には、全生物の系統樹（図1-5）を描くことにも成功した。[13]系統樹とは家系図のようなもの。つまり、地球上における生物どうしの関係がついに明らかにされたというわけだ。

カール・ウーズの最大の功績の一つは「古細菌の発見」である。当時はアーキバクテリア、今ではアーキアと呼ばれることが多い（後注を参照）。口絵1からわかるように、微生物はどれもこれも小さな点で、同じにしか見えない。しかし、彼の研究によって、一つ一つの点が「異なる生き物である」ことと、微生物にも動物や植物と同じ、いやそれ以上の多様性があることが明らかになった。そして古細菌（アーキア）という微生物の一群が、他の真正細菌（バクテリア、あるいは単に細菌）や真核生物とははっきり異なることを突き止めた。なお、古細菌には「はじめに」で触れた一二二℃という超高温でも生きられる微生物など、すごい能力を秘めた生物たちが含まれる。コーネル大学（アメリカ）の生態学者ウォルフは『地中生命の驚異』にこう記している。

ウーズの革命の目的を理解するには、ロケット科学者である必要はない。生物学者である必要もない。（中略）ウーズの革命は説得力のある一つの図、普遍的な系統樹で表すことができる。

デヴィッド・W・ウォルフ著　長野敬・赤松眞紀訳『地中生命の驚異』青土社

確かにカール・ウーズは微生物学を含む生物学全体にまで革命をもたらした。生物の分類はもともとその姿や形、性質などにもとづいて行われていたが（分類の基準によっては熟練しないとわからないものがある）、そこへＤＮＡの塩基配列という客観的な〝目印〟が加わった。特に、どれもこれも小さな点のような姿で、見た目ではなかなか区別できない微生物を分類する時に、それがとても役に立つ。もちろん、ＤＮＡ情報だけですべてが解決されるわけでは決してない。が、今ではそれが大事なデータの一つとして、調べることが当たり前になっている。

さらに、ＤＮＡ情報は、自然に暮らす微生物の生き様を調べる私のような研究者にとって重要なデータだ。なぜなら、環境中にあるＤＮＡを調べることで、そこに生きる微生物の大まかな系統が培養しなくてもわかるからだ。世界中の研究者がこの技術を活用しているので、培養できない微生物たちのＤＮＡ塩基配列の情報が日に日に増えている。もちろん、培養できる微生物のものも同じように急増している。たとえば、リボソーム・データベース・プロジェクトと呼ばれるデータベースには、なんと三三〇万件以上ものリボソームＲＮＡ遺伝子の配列が登録されている（二〇一八年七月時点）。もし仮にあなたが何かの微生物を純粋培養することに成功したとしよう。その塩基配列の情報を読みとり、データベース上のものと照らし合わせれば、それがすでに培養されている微生物か、あるいは誰も培養できていなかった微生物か、いとも簡単にわかる。

［注］「古細菌」という呼称については、訳語の歴史的な背景に加えて、〝古い細菌〟と誤解されるのを避けるために、「アーキア」とだけ表記されることが増えてきた。アーキアは英名（Archaea）にもとづくものだ。日本語の教科書を見ても、一九九八年に刊行されたのは『古細菌の生物学』（東京大学出版会）であるが、二〇一七年に出版されたものは『アーキア生物学』（共立出版）となっている。

マトマタ菌は何者か？

閑話休題、マトマタで集めた砂を使って微生物を培養したところ、固体培地の上に白っぽいコロニーが育ってきた（以下、マトマタ菌と呼ぶ）。繰り返すが、微生物が培養できると、まずはそのリボソームRNA遺伝子の塩基配列を調べる。この遺伝子にはいくつか種類があり、微生物では16SリボソームRNA遺伝子というところの塩基配列が、他の微生物と比較するうえでちょうどいい情報量を含んでいる。データベースにある塩基配列と照らし合わせて、すでに名前のついた微生物（正しくは学名を持つ既知種の基準株）のものとの一致率が九七％を下回ると、別の種つまり「新種」である可能性が高い。[14]この一致率をめぐっては議論があるが、[15]本書ではそこに深入りしない。新種の可能性があるとわかれば、微生物が持つ他の特徴もさらに詳しく調べていく。

かくして、私もマトマタ菌のDNAを調べてその基準（九七％）を下回ったならば、他の証拠も積み上げたうえでこの微生物を新種として公表するつもりである。もしそれが名前のよく知られた微生物と九九〜一〇〇%一致した時は、誰かがすでに見つけたものとほぼ同じと予想され、新種であることはあまり期待できない。それよりも別の微生物を調べたほうがよい（著者注：実際には一致率が一〇〇%だったとしても、他の性質が大きく異なるために新種となる場合がある）。

データベースで調べる時はいつもドキドキである。自分で培養した微生物がどんな種類か、ある程度わかるからだ。

マトマタ菌の16SリボソームRNA遺伝子の塩基配列を解読し、データベースと照合したところ、名前のついた微生物との一致率はなんと八三%!!　驚くべき数字である。数値だけを見ると、八三%は高いが、九七%という新種の基準を考えれば、この一致率がいかに低いかがわかるだろう。この数値が意味するのは、マトマタ菌と近縁な微生物の中ですでに培養されているものは何もないということだ。事実、データベース上において八三%以上の数値で一致するものは、誰も純粋培養に成功しておらず、環境中にあるDNAが検出されただけの「名前のない」微生物たちであった。

私の目の前にいるマトマタ菌が培養に成功したはじめての例なのだ。できるだけはやく論文を発表して、「最初に」培養できた微生物として学名とともに報告しなければならない。研究というものは、ある見方をすれば競争であり、誰かに先を越されるとその発見を発表できなくなる。もしかすると、他の研究者もマトマタ菌とよく似た微生物をすでに培養しているかもしれない。とにもかくにも急いで追加の実験をして、論文を書かなければならない。

そんな時、論文発表に向けて、強力な助けを得ることができた。筑波大学にある北アフリカ研究センター（現、地中海・北アフリカ研究センター）の礒田博子教授からチュニジアの研究者らを紹介してもらえたことと、さらに、株式会社テクノスルガ・ラボの西島美由紀博士から分析についていろいろな助言をもらえたことである。国際チームでマトマタ菌の詳しい分析に取り掛かることができた。微生物の分類に詳しい西島博士は、実験を進めるうえでの私の素朴な質問にいつも的確に答えてくださる。今回も、新しい微生物としてマトマタ菌を発表するうえで必要となるデータが何かをすぐに見極めることができた。あとは実験してデータを集めるのみ。細胞はどんな形か、生育できる温度の幅はどの程度か、培養するのに必要な餌は何か。

実験の結果、判明したマトマタ菌の大きな特徴は三つだ。まず一つは細胞がいろいろな形に変わること。この微生物は長い糸のような形をしているのだが、培養していると「らせん」や「小さな球」の形をした細胞が出てくる（図1-6）。形の異なる微生物がいるのをはじめて見つけた時には、他の微生物が混入したと思った。いわゆるコンタミネーション（通称コンタミ）である。微生物の実験では、コンタミは最も気をつけなければならないことの一つである。なぜなら実験の結果そのものに影響を与えるからだ。この時もコンタミの可能性を疑い、その後も実験を何度か繰り返した。だが、他の微生物は一向に検出されず、マトマタ菌そのものの細胞が変わることが後になってわかった（詳しくは第5章）。

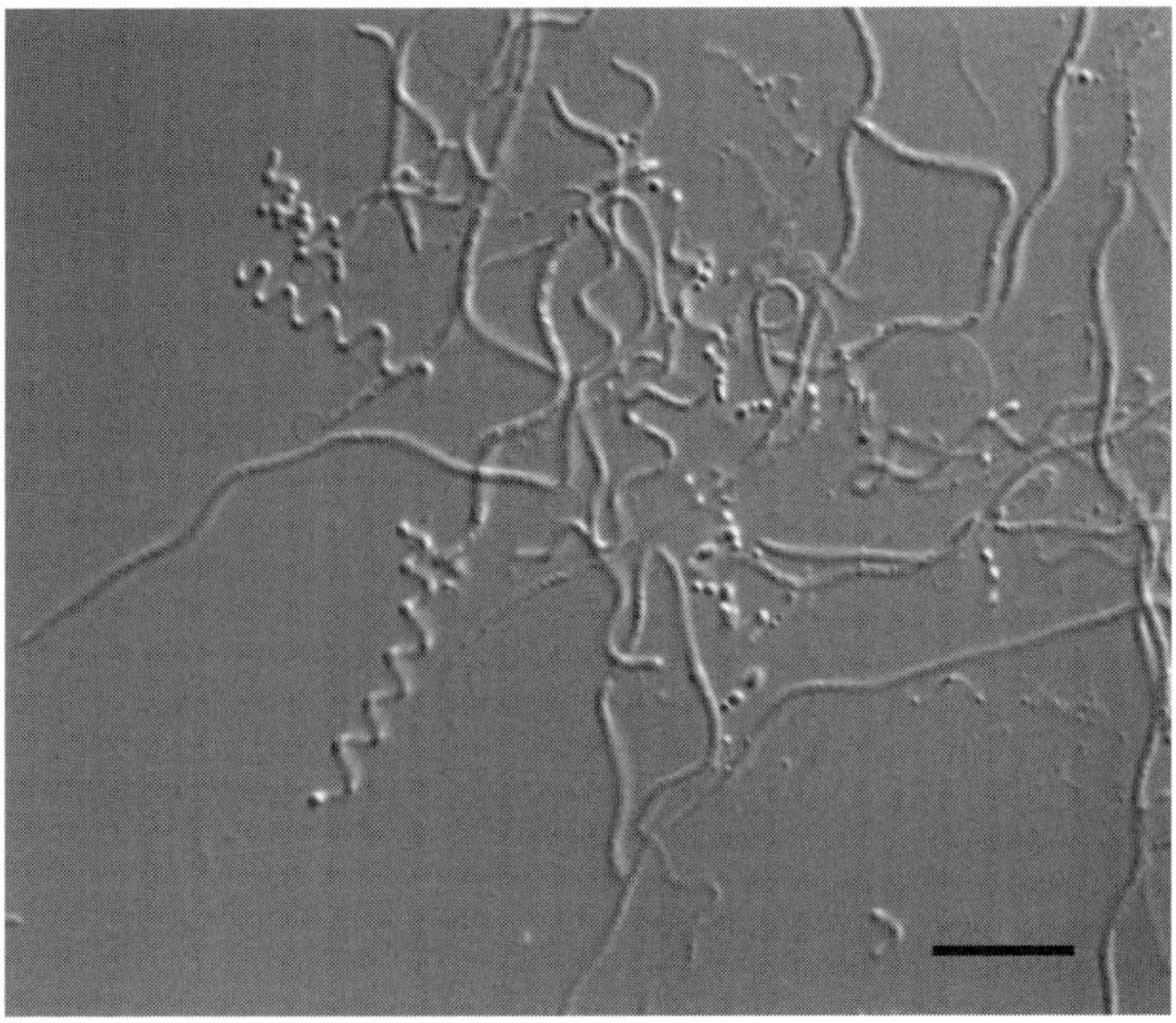

図 1-6　マトマタ菌の顕微鏡写真（著者原図）。チュニジア南部のマトマタから見つかった微生物。細胞の形が変わることが大きな特徴で、長い糸、らせん、小さな球のような形をした細胞が見られる。右下の黒い線の長さは 10 マイクロメートル（0.01 ミリメートル）。

さらに、電子顕微鏡で観察すると、細胞の中に何やら球形の構造がたくさん見つかった（図1-7）。これが何かは今なおわからないが、西島博士と私は、まわりに餌が少ない時に食べる非常食、つまりお弁当のような役目をするものではないかと考えている。これについては、今後さらなる研究が必要だ。

もう一つは、栄養を与えすぎると、固体培地上で育たないということである。微生物の実験でよく用いられる「ふつう」の栄養たっぷりな培地を使うと、マトマタ菌の生育はとても悪くなる。逆に、栄養がほんの少しの培地だとよく育つ。この理由の

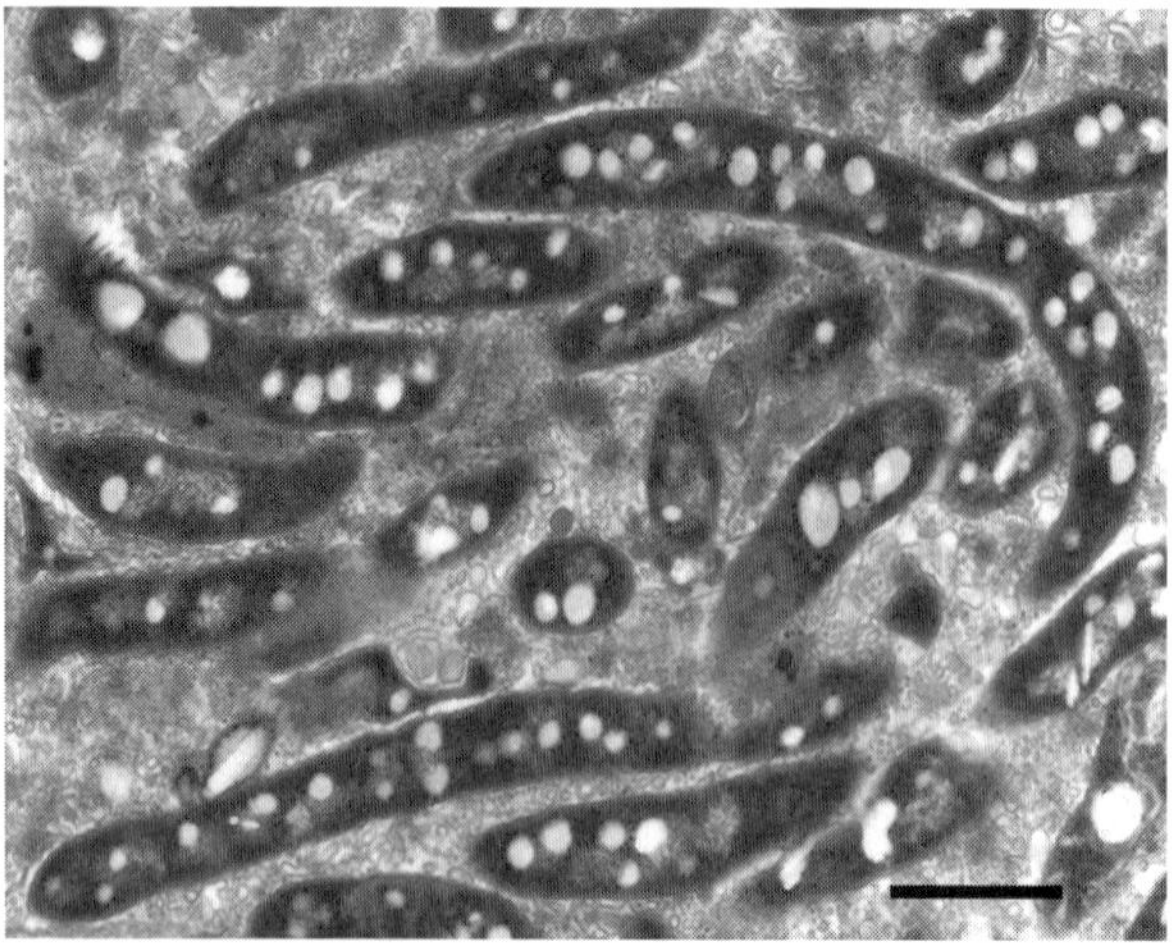

図 1-7　マトマタ菌の電子顕微鏡写真（著者原図）。細胞内に球形の構造がたくさんある。ここに何かの物質をため込んでいると思われる。右下の黒い線は 1 マイクロメートル（0.001 ミリメートル）。

一つとして、実験で用いる培地には自然界とは比べものにならないほどの高濃度の栄養（有機物）が含まれていることが挙げられる。これが微生物の生育をじゃましているのだ。より細かくいえば、たっぷりの有機物を食べる時に生じる活性酸素が、よくないこと（細胞が傷つくなど）を引き起こしていると考えられる。(16) そのため、「栄養を少なめにする」ことは、新しい微生物を純粋培養するうえで有効なコツの一つといえる。

最後の特徴として、「ゆっくり増える」ことが挙げられる。そもそもマトマタ菌の生育は遅く、固体培地上で育つには約一週間もかかる。たとえば、世界中でいろいろな実験に使われる大腸菌は、二十〜三十分に一回分裂する。この早いライフサイクルのお蔭で、固体培地に大腸菌を塗れば、次の日には肉眼で観察できるようになるまでに育つ。生育が早いからこそ、実験で使いやすいというわけだ。マトマタ菌はそうはいかない。が、これはマトマタ菌にもっと適した培養条件を私たちが知らないだけで、何かの栄養を加えると、生育が早くなる可能性がある。

新「綱」微生物の発見

マトマタ菌をあれこれ調べていくうちに、どうやらこの微生物が「綱」というレベルで新しい分類群であることがわかった。ただの新種ではない。新「綱」だ。どういうことか?

生物の分類階級は上から「界」、「門」、「綱」、「目」、「科」、「属」、「種」の順になる。たとえば私たちヒトの分類は、動物界、脊索動物門（脊椎動物亜門）、哺乳綱、サル目、ヒト科……となっている。綱の階級は哺乳綱（哺乳類）の高いレベルである。つまり、マトマタ菌は、動物でいえば哺乳類レベルで新しい種類ということだ。動物と微生物の分類階級を単純に比べることはできないのだが、マトマタ菌が微生物の中できわめて新しい系統であることがわかる。新「綱」を発表するために、論文の完成をさらに急がなければならなくなった。

論文に関する話を少しだけ。新種の発見について報告する時には、国際微生物系統進化雑誌（私たちは英語の略語であるIJSEMとよく呼ぶ）に論文を発表することが必要だ。また、二ヶ国以上の微生物系統保存機関に微生物をあずけて、他の人たちが研究などに活用できるようにする。このIJSEM掲載こそが、国際原核生物命名規約と呼ばれる「命名ルール」にそって微生物の学名が発表されることを意味する。IJSEMへの掲載なしに、学名を正式名称として勝手に主張してはならない。なお、他の科学雑誌で学名を発表したとしても、その論文をIJSEMに送って正式名発表リストに掲載されれば、あとで有効な学名として用いることができる。

研究の業界では、このように実験結果をまとめて論文として公表することが何より大事だ。そして論文は、海外の研究者なども読めるように英語で書くことがほとんどである。また、国際学術誌に英語の原稿を投稿したら終わりではない。原稿は国内外の研究者による厳しい審査を受ける。その審査結果をもとに、研究結果の解釈をしなおしたり、または新たな実験を行って証拠をさらに積み上げたりして、論文をよりよいものに仕上げていく。あるいは、証拠がまだ不十分である場合などは、掲載拒否、いわゆるリジェクトされてしまうのである。

マトマタ菌に関する論文を書き上げてIJSEMに送った後も、審査員とのやり取りを通して原稿をたびたび直した。そして二〇一四年、私たちの論文がついにIJSEMに掲載され[17]、マトマタ菌の電子顕微鏡写真が雑誌の表紙を飾った。新しい綱「オリゴフレキシア綱（*Oligoflexia*）」を代表する微生物、その名はオリゴフレクスス・チュニジエンシス（*Oligoflexus tunisiensis*）。学名の意味するところは「少ない栄養源で育つチュニジア産の微生物」である。発表の翌日、日本経済新聞などでこの微生物が取り上げられ報道されたのを今でも覚えている。うれしかった。マトマタ菌の発見から論文発表にいたるまで四年が経っていた。

今回新しく命名したオリゴフレキシア綱は、プロテオバクテリア門（*Proteobacteria*）と呼ばれる一大グループに属する。ちなみにこの名前は、変幻自在に姿を変えるギリシャ神話の神様プロテウスに由来する。まさに細胞の形がいろいろ変わるオリゴフレクスス・チュニジエンシスにはぴったりといえよう。プロテオバクテリア門にはさまざまな微生物が含まれており、われわれと関係の深い微生物も多い。

ここで系統樹を見てみよう（図1-8）。まずは私たちのお腹に棲む大腸菌エシェリキア・コリ（*Escherichia coli*）はガンマプロテオバクテリア綱、胃の中で悪さをするピロリ菌ヘリコバクター・ピロリ（*Helicobacter pylori*）はイプシロンプロテオバクテリア綱に含まれる。他には、お酢をつくる酢酸菌アセトバクター・アセテイ（*Acetobacter aceti*）を含むアルファプロテオバクテリア綱（*Alphaproteobacteria*）というグループ。そして今回、ここにオリゴフレキシア綱があらたに仲間として加わった。系統樹を見ると、マトマタ菌によく似た微生物のDNA情報は、海や土・田んぼ・氷河、さらにはミミズの腸内など、世界中のあちこちから見つかっている。われわれの皮膚からも

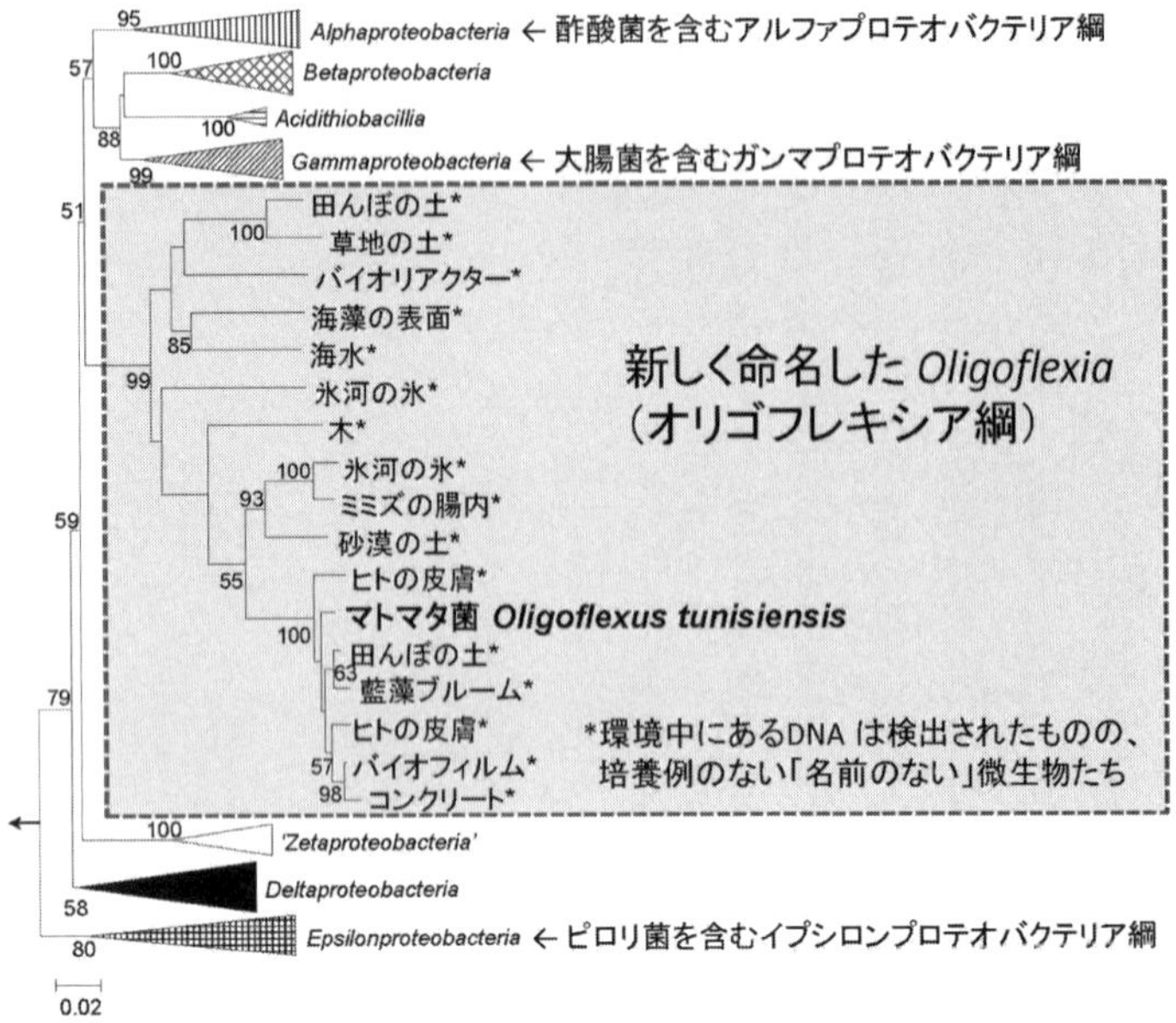

図 1-8　プロテオバクテリア門に含まれる微生物たち。
16S リボソーム RNA 遺伝子の塩基配列を比べて描いた系統樹。マトマタ菌に近縁な微生物の DNA がさまざまな環境から検出されている（系統樹上に DNA が検出された場所を記した）。

そのＤＮＡが検出されている。あなたのすぐそばにもいるかもしれない。

ここで余談だが、日本には「綱」よりさらに上の「門」レベルで新しい微生物を発見した研究者たちがいることも記しておきたい。

産業技術総合研究所（産総研）の花田智博士（所属は当時）らは、下水処理場の泥から新門ジェマティモナデテス門（*Gemmatimonadetes*）を創設するジェマティモナス・オーランティアカ（*Gemmatimonas aurantiaca*）を発見した。[18]花田博士らが未知微生物を採るためにとった戦略は「生育の遅いものをねらう」こと。この微生物は、水質汚濁の原因にもなるリンという物質を細胞内に取り込む能力を持つ。[18]このような新門の認定は国内で初めてのことであった。またその後の研究によると、ジェマティモナデテス門の微生物が砂漠で時に優占することもわかった。[19]ある種は乾燥に耐える術を身につけているのだろう。

発見は続く。同じく産総研の玉木秀幸博士と鎌形洋一博士らは、イネ科の植物ヨシの根っこから新門の微生物アルマティモナス・ロゼア（*Armatimonas rosea*）を見つけた。[20]学名は「バラ色の鎧をまとう菌」を意味し、この微生物がピンク色の固いコロニーをつくることにちなんでいる。玉木博士らは、これまで注目されていなかった「水生植物の根っこ」を研究の材料に使うことと、栄養の少ない培地を用いることで、その単独培養を成し遂げた。顕微鏡で覗くと、彼らは卵のような形をしている（図1-9）。

微生物ハンターたちの努力により、未知なる微生物たちの実体が少しずつ解き明かされている。先人に学ぶべきは、微生物を培養するために、いろいろな戦略を立てていることだ。何か一工夫すると、新しい微生物と出会う可能性が高まる。今私も試行錯誤しながら培養法を改良している。次に新門を発見するのは、この本を読んでいるあなたかもしれない。

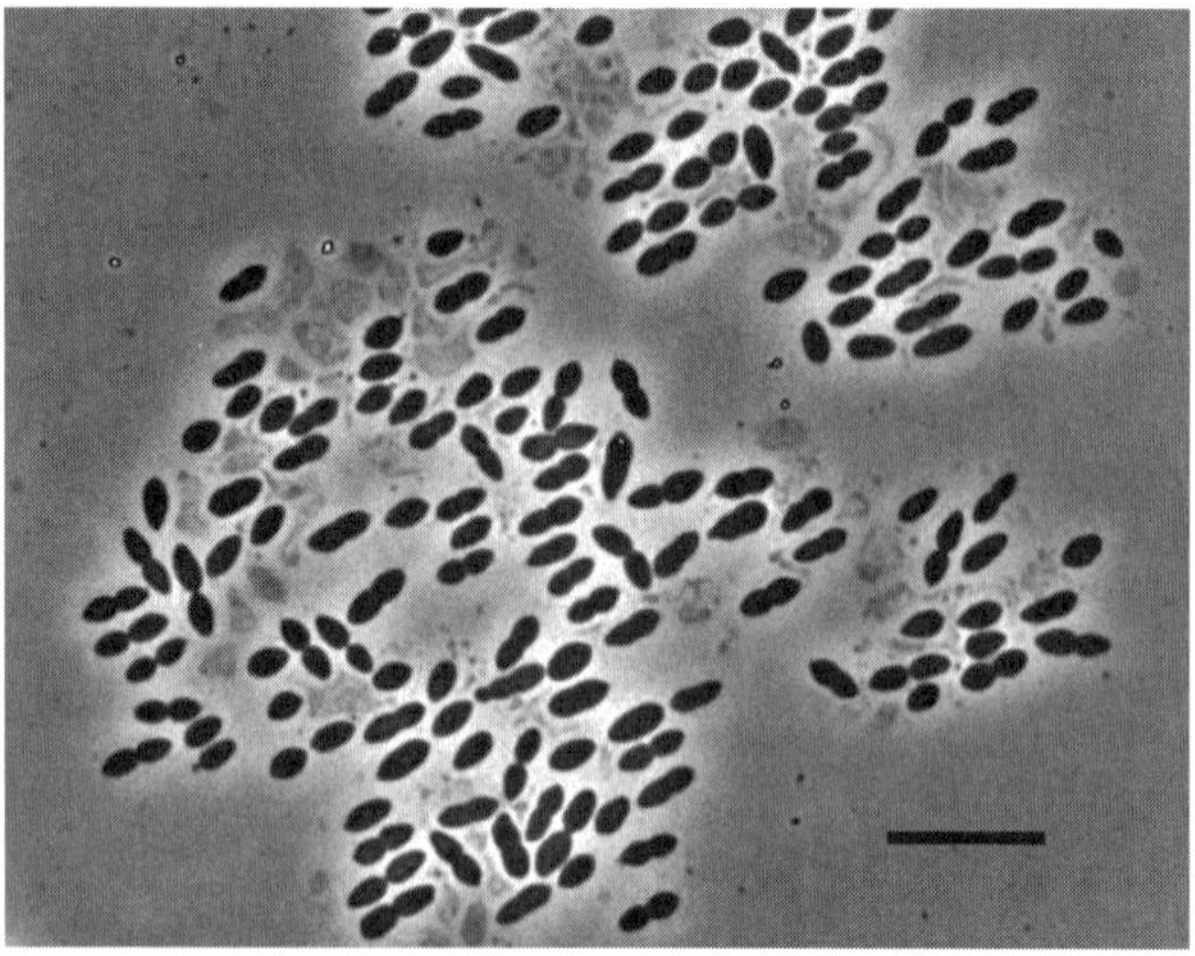

図 1-9　水生植物から見つかったアルマティモナス・ロゼア（*Armatimonas rosea*）の顕微鏡写真。系統学的にきわめてユニークで、「門」レベルで新しい微生物として発表された。右下の黒い線の長さは 10 マイクロメートル（0.01 ミリメートル）。
（写真提供：国立研究開発法人産業技術総合研究所　玉木秀幸博士、鎌形洋一博士）

本当の極限環境って何だ？

マトマタ菌を例に、目に見えない微生物世界の一端を見てきた。ここでもう一度復習すると、固体培地を使えば、野外から一種の微生物だけを取り出して飼うことができる。しかし、今の培養法は万能ではない。微生物のほとんどが培地上で育たないという事実がある。自然界に生きる微生物のうち、培養できるものはほんの一握り。ところが、ＤＮＡの塩基配列を調べることで、培養できない微生物たちのこともわかるようになった。

特に、「ＤＮＡ情報を読みとる技

術」は大きく発展している。生き物に含まれるすべての遺伝子の集まり（ゲノム）をまるごと読みとることも可能だ。これにより、ゲノムの情報から微生物の性質や能力を大まかにとらえられる。たとえば、栄養源として何を代謝する遺伝子を持っているか（つまり、何を好んで食べるか）、など。ただ、ＤＮＡ情報はあくまで「塩基の並び」に過ぎない。純粋培養しなければ、微生物がその性質を本当に発揮しているかどうか、はっきりとはわからない時がある。また、もし微生物がまったく新しい能力を持っていた場合には、それを見落としてしまうだろう。どんな研究手法にも一長一短がある。

いずれにしても、辺境微生物たちを研究するうえで、さまざまな技術があるのはよいことだ。彼らは極限的な環境に暮らしている。大学の実験室では、そのような環境を再現するのはなかなか難しい。再現できなければ、微生物を培養することもまた困難だ。しかし今なら、もし辺境で土や砂など研究試料さえ集められれば、そこから得るＤＮＡ情報をもとに辺境微生物たちの生き様に思いを馳せることができる。どのような能力をそなえることで、その極限環境に暮らすことができるのか、と。

ところで、そもそも「極限環境」とは何だろうか？

「辺境微生物にとって、その生息場所は本当に極限と言えるのですか？」

この質問は、ある日私が研究発表を行った後に、菌類学者の白水貴博士からいただいた。質問の意図は次のとおりだ。われわれ人間にとって辺境微生物が棲む環境が「極限的に厳しいところ」であることは疑いようがない。マトマタ菌と同じように、砂漠のど真ん中で（特別な準備なしに）快適に暮らすことは誰もできないだろう。しかしよく考えると、マトマタ菌にとっては砂漠こそがどこよりも暮らしやすい環境かもしれないのだ。つまり、辺境微生物から見れば、われわれの住む環境のほうが極限環境ということになる。「極限環境」や「辺境」という言葉は、常に人間中心的であることに気をつけなければならない。白水博士のおっしゃるとおりだ。ちなみに、白水博士は『奇妙な菌類』という本を上梓しており、微生物の中でも本書ではあまり触れない「菌類の世界」を勉強するのにおすすめだ。

では、微生物にとって本当の極限環境とは何か？　それは「環境の変化」であると、私は考えている。砂漠には一日に四季があると述べたように、気温が大きく変わる。こういったまわりの環境の変化が大きいほど、生物にとっては厳しいものになるはずだ。微生物にとってはなおさら厳しい。なぜか？　その謎を考えるために、目の前にステーキセットが出てきたところを想像してほしい。大きなお肉と付けあわせのコーン。大きなお肉は熱々でなかなか冷めないが、コーンはすぐに冷めきってしまう。小さいもの（コーン）は大きいもの（お肉）より、熱しやすく冷めやすい。細かくいえば、コーンのほうが体積あたりの表面積が広くなるので、熱を早く失う。微生物のような小さな生き物にとって温度の変化というストレスの影響は大きい。そう考えると、砂漠に生きる辺境微生物たちは過酷な環境に棲んでいるといえる。さらに、温度以外にも大きな環境変化にさらされる。なぜなら、砂漠の微生物は空を飛ぶからだ。

空飛ぶ微生物たち

空気と聞いて思い浮かべる言葉は気体、透明、酸素、窒素、あるいは二酸化炭素といったところだろうか。われわれの空気に対するイメージの中に固体のものはあまり出てこない。しかし、空気中には目に見えない小さな粒子がたくさん浮いており、それらは「エアロゾル」と呼ばれる（正しくはエアロゾル粒子）(21)。春の時期、多くの人を悩ます花粉症。その原因となるスギ花粉もエアロゾルの一つだ。また春に外へ出ると、車や窓ガラスが少し汚れていたことはないだろうか。その汚れを触ってみると、砂のような土のような……それは黄砂だ。長い距離を運ばれて飛んでくる黄砂もまたエアロゾルである。

近年、砂漠など乾燥地帯で注目される現象に「風成塵」がある。風成塵……耳慣れない言葉だが、その意味は簡単で、風によって巻きあげられる小さな物質のこと。黄砂も風成塵の一つで、その発生源は東アジアにあるゴビ砂漠やタクラマカン砂漠、黄土高原と考えられている。そこで巻きあがる砂ぼこりがなんと日本にまで飛んでくるのだ。驚くべきことに、黄砂は約十三日かけて地球を一周する。[22] ちなみに、黄砂の別の呼び名である「霾《つちふる》」は俳句における春の季語になっている。「俳聖」と称される松尾芭蕉は『おくのほそ道』でこう詠む。

高山森々《かうざんしんしん》として一鳥声《いつてう》きかず、木《こ》の下闇《したやみ》茂りあひて、夜《よ》る行《ゆく》がごとし。雲端《うんたん》につちふる心地して

松尾芭蕉　萩原恭男校注『芭蕉　おくのほそ道』岩波書店

『世界の黄砂・風成塵』（成瀬敏郎著）によると、「雲端につちふる」（空から黄砂が降る）は唐の詩人が詠んだ詩から引用されたもので、ここで「昼なお暗く深い山中を歩く心細さ」を表現したと解釈されている。黄砂によって大量の砂が巻きあげられる時、中国では昼間といえども空が薄暗くなることが多いそうだ。黄砂の影響はそれほど大きい。

話が少しそれたが、黄砂として運ばれてくるのは砂だけではない。そう、微生物だ。砂漠には微生物たちが住んでいる。すなわち、黄砂と一緒に微生物も空気中に巻きあげられ、あちこちへ運ばれる。砂漠に暮らす微生物にとってはとても困るだろうが、これはどうにもできない自然現象である。

黄砂に乗った空飛ぶ微生物たちは、空中を移動している間にも、上空で低温や乾燥といったさまざまなストレスにさらされる。有害な紫外線の影響も受ける。なんとかそれを耐えしのいだとしても、まだまだ安心できない。なぜなら、今度は降り立つ環境で暮らさなければならないからだ。このようなまわりの環境の劇的な変化は、生物にとって最も過酷な極限環境だろう。このことを想像すると、砂漠からの〝空の旅〟に耐えてなお生き残る微生物はそう多くないと思われる。が、そんなすごい微生物が存在する。納豆菌の仲間たちだ。

砂に乗ってどこまでも

納豆菌が大豆を発酵させてつくりだす納豆。正直に告白すると、私は少し苦手ではあるが、栄養の偏りを防ぐために、ここ最近は週に何度か食べるように心がけている。ところで、黄砂を集めてそこから微生物を培養すると、なんと納豆菌の仲間がたくさん出てくる。いったいなぜだろうか？

納豆菌はバチルス属（*Bacillus*）という分類群に含まれる微生物で、教科書によってはバシラス属と記されるが、本書では『微生物学用語集　英和・和英』（日本細菌学会用語委員会編）にしたがってバチルス属と呼ぶ。このグループの微生物は、自身にとって厳しい環境になると、「芽胞《がほう》」という特殊な細胞をつくりだす。芽胞は、ＤＮＡなど大事なものを含む「コア」を持ち、それを「コルテックス」と「スポアコート」というもので取り囲む三重の構造からなる。[23] この複雑な構造によって、乾燥や高温・低温・紫外線などさまざまなストレスに耐えられる。そしてまわりの環境がよくなると、ふつうの細胞にもどり、再び増えはじめる。バチルス属の微生物にはこのような能力がある。なお、他の分類群でも芽胞をつくる微生物がいくつか知られている。本章で触れた二億五千万年の時を超えて復活した岩塩菌も芽胞をつくる。芽胞になることで永い時を超えてきた可能性がある、というわけだ。芽胞はすごい！

ここで面白い研究を一つ紹介したい。金沢大学の研究チームは、気球や航空機を使って黄砂を「現場で」捕まえることに長い間取り組んでいる。ゴビ砂漠から黄砂が飛来している時期にあわせて、なんと高度三〇〇〇メートルの大気を調べることにも成功している。論文によれば、そこではやはりバチルス属の微生物が見つかった。[24] 中でも特に納豆菌（*Bacillus subtilis* var. *natto*）と同じ種類のものが多数を占めた。たいていなら、実験結果を論文にまとめて発表して終わるところだが、ここからが驚きなのである。金沢大学の牧輝弥博士らは考えた。空飛ぶ納豆菌からおいしい納豆がつくれないか、と。同博士らは地元・石川県白山市の業者と力を合わせて培養した微生物を使って納豆をつくり、「そらなっとう」の販売にまでこぎつけたのだ。その行動力は驚くばかりである。はじめは金沢大の食堂で売り出され、現在では石川県内でも市販されている。私の弟は金沢大学を卒業していて、弟に聞けば、「そらなっとう」は食堂で大人気だったとのことである。

実は私たちも黄砂から微生物を培養することに挑戦したことがある。結果として、そこにはやはり納豆菌に近い仲間のバチルス・リケニフォルミスがいた。[25、26] さらに、黄砂の発生源とされるゴビ砂漠からも同じ種のものを培養することに成功し、その両者の持つリボソームRNA遺伝子の塩基配列を比べた。結果はなんと一〇〇％で完全一致。つまり、この種もまた黄砂とともに日本へ飛んできている可能性がある。興味深いことに、バチルス・リケニフォルミスは、チュニジアの砂漠、そして南極やグリーンランドなど極地からも相次いで発見されている。[26] 芽胞をつくる微生物は、地球上のどこにでもいる生き物、すなわちコスモポリタンかもしれない。だが、それぞれの場所で生きて暮らしているのか、あるいは芽胞となり休眠しているのか、そのどちらかはまわりの環境によって変わるだろう。

塵は厄介物？

ここまで黄砂を中心に話を進めてきたが、風成塵がよく生じるのは東アジアに限ったことではない。最も大きい規模の風成塵は、サハラ砂漠からのもの（以下、サハラダスト）だ。アフリカで巻きあげられる砂塵の量は、年間でおよそ一〇億トン（一〇の一五乗グラム）にも達する。[27] 砂漠の砂一グラムあたり一〇億（一〇の九乗）個の微生物が含まれることを考えると、[28] 単純な計算で毎年一

○の二四乗個という数の微生物がアフリカ風成塵とともに風に乗り、世界各地へ旅立っていくといえる。私たちの祖先が十万年から八万年くらい前にアフリカを出て各地に広がったように（これには諸説ある）[29]、微生物たちもアフリカを出る。それもとんでもない数で出ていく。しかしながら、芽胞をつくる微生物のように、大気中でさらされるストレスに耐えられなければ、すぐに死に絶えてしまうだろう。空飛ぶ微生物の中で、どれだけの数の、またどの種類の微生物が到達地まで生き残るかはよくわかっていない。辺境微生物を探すうえで、大気という環境もまた重要な研究対象といえる。

ところで、『種の起源』を著した、かの有名なチャールズ・ダーウィンは、ビーグル号での航海中にサハラダストに遭遇している。彼が船上で集めた塵を観察したところ、そこに植物の胞子や原生動物があることを報告した[30]。そして生物の特徴だけでなく、ダストが発生した時の風向きも考えて、この塵がサハラ砂漠から飛んできたと結論づけた。さすがダーウィンである。

ダーウィンも見たサハラダスト。ただ、「ダスト」や「砂塵」と聞くと、あまりよいイメージを持たないのではないだろうか。そこに微生物がくっついているならなおさらだろう。しかし、風成塵にはよい面もある。砂には主成分であるシリカ（二酸化ケイ素）に加えて、鉄やカルシウムなども少し混じっている。このような無機成分、いわゆるミネラルは、生物が生きていくうえで欠くことができないものだ。余談だが、厚生労働省は、「健康増進法（平成十四年八月二日法律第一〇三号）」

の中で、私たちに必要なミネラルを定めており、そこにも鉄やカルシウムが含まれている。

小さな生き物たちにとってもそれは同じだ。ミネラルが不足するところでは、空から降りそそぐ砂塵がその貴重な供給源となる。たとえば、陸地から遠く離れた海では、川からの土や砂の供給がない。そんなところでは鉄分が不足しており、ぷかぷかと漂う藻類などの植物プランクトンが増えにくい状態にある。それらは光合成を行うことができるので、二酸化炭素と水から有機物、つまり「ご飯」をつくりだす。植物プランクトンは海の生態系において欠かせない生産者だ。そんな生き物たちが増えにくい場所において砂は重要なミネラル源となっている。たかが塵、されど塵。

コラム① 現地の食文化に触れる

海外での調査中は、現地の食堂でご飯を食べたり、スーパーマーケットで食材を買って簡単な携帯食をつくったりする。日本で普段見かけないものを食すことが多いが、それは土地毎の食文化に触れるまたとないチャンスだ。砂漠微生物の探索で訪れたチュニジアでは、ほとんどすべての食堂で赤いペースト状の見慣れないものを目にした。聞けば、これは赤唐辛子をもとにつくられるハリッサと呼ばれる調味料とのこと。アリッサ、あるいはアリサともいう。辛すぎる場合もあるので注意が必要だが、私はこのハリッサにはまった。クスクス(現地でよく食べられる、つぶつぶしたパスタ）に塗って食べると美味しい。他にもいろいろな食べ物にそれを塗ってみたところ、ハリッサとオリーブの組み合わせが特に良かった。調査で訪れるまで知らなかったが、チュニジア産のオリーブは品質がとても良いことで知られている。

砂漠は一日のうちに四季があるといわれるように、昼は暑くて、夜は寒い。日中は炎熱になるため、その間は調査を避けたほうがよい。少しでも危険を避けるため、ラクダに乗って砂漠の奥地に進む時は、日がほんの少し昇った頃の朝一番から調査をはじめ、サンプリングが暑さの厳しい時間帯に重ならないように調整する。朝早くから動いているせいか、調査を終えて宿に戻る頃には、疲れてヘトヘトになってしまう。しかしそんな時でも、私は万能調味料であるハリッサを使ってご飯をもりもり食べて、体調を整えていた。チュニジアと聞くと、サハラ砂漠の東端で見た砂ばかりの不毛の世界を思い出すが、ハリッサもまた記憶からよみがえってくる。調査の思い出は「食の思い出」でもある。

第2章　温泉

湯のなかに手を突っ込みました。一体この線維状の細菌はどんな手触りなのか知りたいだけだったのですが、それは絶対に無理な話です。たちまち私の手は沸騰寸前の湯によって熱傷させられてしまいました。

ジャクリーン・ブラック著　神谷茂ほか監訳
『ブラック微生物学　第3版』丸善出版

赤い海の住人に魅せられて

私が辺境微生物たちの世界に足を踏み入れたのは、大学三年生の時である。広島大学の長沼毅先生の研究室に入ったのがきっかけだ。研究室に入って半年も経たないうちに、航海調査に参加することになった。船に乗って海の微生物たちを調べながら、鹿児島県の南に浮かぶ薩摩硫黄島に向かう。私にとってはじめてのフィールド調査である。調査目的は、島にある高温の温泉に暮らす微生物がいったい何者であるかを明らかにすること。

本題に入る前に、そもそも私がなぜ辺境微生物たちに興味を持ったのか、そのきっかけについて話をしてみたい。

研究者であるからか、「子どもの頃から研究者になるのが夢でしたか?」と聞かれることがよくある。が、過去を振り返ると、小学生や中学生の頃の夢は、当時習っていたそろばんの影響で、そろばん塾の先生になることだった。高校では、バスケ部で練習に明け暮れながら、大学受験に向けてただ勉強する毎日を過ごしていて、はっきりとした将来像なんてまったく持っていなかった。ちなみに、両親も祖父母も研究者ではない。

ただ、「あれが人生を変えた」ときっかけみたいなものがあるとしたら、大学受験に失敗し、浪人していた時に見たテレビ番組である。その番組では「赤い海のふしぎ」が取り上げられていた。

タスマニア島（オーストラリア）の南東にあるバサースト湾のお話で、そこでは湾の水がなんと真っ赤に染まる。湾内に流れ込む川の水がそもそも赤い。原因は、島内に群生する植物からしみ出る「タンニン」という物質にあるらしい。タンニンはポリフェノールの一種で、身近なものだと柿渋やワインに多く含まれている。

だが、私が興味を持ったのは水の色ではなく、今まで見たこともない変わった姿形をした生物たちだった。

バサースト湾では、タンニンを含む赤い水が太陽の光を遮り、五メートルも潜れば、そこは真っ暗な世界となる。加えて、太陽光が届かないために、本来ならそこで生い茂るはずのコンブなど海藻が存在しない。そのかわりに別の生き物たちがいる。鳥の羽根でつくった羽ペンのような形をしてゆらゆらと可憐に踊るもの、他には木の枝みたいなものもいる（後注を参照）。番組の説明によると、彼らは深海に暮らす生き物たちで、このような浅い場所で見つかるのはきわめて珍しいとのこと。深海魚も寄り集まってくるらしい。深海生物の奇妙な形が何より不思議だった。

深海生物たちは真っ暗闇の中でどうやって生きているのか？　そもそも何を食べているのか？

こうして「深海」という一つの辺境に興味を持つようになった。当時、自分で何か調べようとした時に、まず頼りになるのは本だった。今なら、インターネットで「深海生物」という言葉を調べれば、さまざまな写真や記事が出てくるだろう。深海生物を取りあつかう本もたくさん出版されている。しかしその頃、書店ですぐ見つけられたのは、私の記憶が正しければ『深海生物学への招待』（長沼毅著）と『深海に挑む』（堀田宏著）の二冊だけだったと思う。『深海生物図鑑』（北村雄一著）という本もあったが、絶版だった。

本を読み進めるうち、『深海生物学への招待』で紹介されていた深海生物たちの生き様に興味を持った。シロウリガイという二枚貝は、エラの細胞の中にまで微生物（細胞内共生細菌という）がいて、彼らに栄養をつくってもらっているらしい。さらに、口も肛門もないチューブワームなんてのもいる。深海に暮らすこの動物は自ら食べることをやめ、共生細菌から必要な栄養を得ると考えられている。どれもこれも教科書に載っている動物の生き方とはまるで違う。海の底にはこんな不思議な生物たちが生きているのだ。それ以来、深海について研究できる大学への進学が目標になっていった。

が、結果としては、浪人しても第一志望の大学に合格しなかった。ただ、北海道にある大学に入ることができた。北の大地は魅力的で、大学の近くにあるオホーツク海をフィールドにして研究できるのであれば、それも楽しいだろうと思っていた。しかし、大学で勉強すればするほど、やはり深海に棲む生き物たちの研究に取り組みたいという気持ちが湧いてくる。今いる大学では海の研究は十分にできるが、深海生物を専門にする先生はいない。

今後の将来に悩んでいたそんな時、四年制の大学では三年次からでも入学できる編入制度というものがあることを知った。これを利用すれば、自分のやりたい研究を思う存分できるかもしれない。そこで、大学二年生までに必要な授業科目を修めて退学し、深海本の著者である、長沼先生がいる広島大学の生物生産学部に編入しようと思い立った。なんとか編入試験には合格し、長沼先生の率いる研究グループに入ることができた。

［注］タスマニア大学の研究グループが、バサースト湾とその周辺に暮らす生物について報告書を出している。(1) これによると、羽ペンのような物体は「ウミエラ」と呼ばれる生物の一種、枝の形をしたものは「ムチヤギ」の一種で、両者とも刺胞動物門に属する。刺胞動物にはクラゲやイソギンチャク、サンゴなども含まれる。

もう一つの赤い海

広島大学の生物生産学部に編入学してよかったことの一つは、附属練習船「豊潮丸」があることだ（図2-1）。現在の豊潮丸は四代目で、船長をはじめ船員の方々が乗船実習や調査にたずさわっている。定員は二〇名。船はさまざまな観測機器を備える。たとえば、CTDシステムという機器には一〇リットルの採水筒（水を採るための筒型の容器）が一二本ついている（図2-2）。このCTDを使えば、水深二〇〇〇メートルまで水温や塩分などのデータを測りながら、目的の深さで筒の蓋をとじて水を採ることができる。深海（水深二〇〇メートルより深いところ）の水を採ること

図 2-1　広島大学生物生産学部附属練習船「豊潮丸」。
（写真提供：豊潮丸　中口和光船長）

も、もちろん可能だ。豊潮丸は、文部科学省により全国の教育関係共同利用拠点に認定されていて、航海を希望するすべての大学が利用できる。大学生の頃から船上で海の勉強ができるのは貴重な経験だ。一般公開も行われているので、ぜひ乗船をおすすめしたい。

さて、話を本題に戻そう。二〇〇六年三月、私は豊潮丸に乗っていた。目指すは薩摩硫黄島。この島は薩南諸島北端に位置する火山島である。薩南諸島といえば、二〇一五年五月に新岳が噴火した口永良部島が記憶に新しい。薩摩硫黄島の周辺では、約七千三百年前に超巨大噴火といわれるアカホヤ噴火が起きたことが知られる[2]。噴火で生じた火口、いわゆる鬼界カルデラの直径は約二〇キロメートルにもおよび、なんと山手線が入るほどの大きさである。過去一万年で世界最大の噴火だ。その火砕流は九州の南部にまで到達し、当時の縄文人の生活に甚大な被害を与えたと考えられている。[3] 噴出物の多さを示す火山爆発指数の数値は七で、新岳の噴火のそれが一であるのを考えると、まさに「超巨大」噴火だ。

薩摩硫黄島が近づく。そびえ立つ溶岩絶壁。硫黄岳からは白煙が出ている。だが、そんな雄々しい壁や火山よりも目を奪われたのは「赤い海」だ(口絵2)。島の港のまわりが赤く染まっている。

図 2-2 水深 2000 メートルまでのデータを測る CTD システム。(写真提供:豊潮丸　中口和光船長)

この原因は先に述べたタンニンではなく、「鉄」だ。港内の海水は、海岸から湧き出る鉄イオン(Fe^{2+})など金属イオンを含む炭酸鉄泉と混じり合う[4]。その結果、鉄イオンが酸化されて、海水が赤く変色しているのだ。日本に赤く染まる海があるなんて知らなかった。ちなみに、赤い海がある薩摩硫黄島は、竹島と黒島の三島とからなる三島村として鹿児島県に属する。

秘境の湯「東温泉」へ

火山の恵みといわれる温泉。そもそも温泉とは何か？「温泉法」（昭和二十三年に制定）によれば、温泉の定義は「地中からゆう出する温水、鉱水及び水蒸気その他のガス」で、そして温泉源から採取される時の温度が二五℃以上であることと、ある決まった物質（硫黄やメタけい酸など一八成分）のいずれか一つを基準値以上で含むことが必要である。

薩摩硫黄島には秘湯と名高い「東温泉」がある。泉質は硫黄ミョウバン泉。役場で公用車をお借りして、東温泉に向かう。温泉に向かう途中、目の前に何やら大きな鳥が飛び出してきた。クジャクだ！　薩摩硫黄島ではクジャクが野生化していて、島のあちこちで堂々と歩いている。白いクジャクもいる。美しい鳥たちをゆっくり眺めたい気持ちを抑えながら、温泉へと急ぐ。

白波が打ちつける岩場に温泉が見えてきた。東温泉だ！

温泉が溜まっているところが緑色をしている。これはイデユコゴメという藻の一種で、温泉藻とも呼ばれる。緑色の温泉藻は世界中いたるところの温泉で見ることができる。これもまた一つの辺境生物だ。岩の割れ目から湯が湧き出るところで温度を測ってみると五二℃。熱い。ここにも藻が群がっている（口絵3）。東温泉の泉質で驚くべきはpHで、その数値はなんと一・五だ。強酸性の温泉である。レモンや胃液のpHがおおむね二であることを考えると、酸性の強さが想像できるだろう。

学校で教わったpHのことを思い出すと、その値は〇から一四の間であらわされ、この数字が低いほど酸性、数字が高いほどアルカリ性となる。pH七は中性で、酸性の性質を示す水素イオン（H^+）と、アルカリ性の性質を示す水酸化物イオン（OH^-）とがつりあっている状態だ。ちなみに、人間の体の中のpHは七・四あたり。いくら秘湯といえども、東温泉に長い間ゆっくり浸かっていることはできない。

高温そして強酸性の東温泉にはいったいどんな微生物がいるのか？　そんな時は、環境中にあるＤＮＡを調べればよい（第1章参照）。やるべきことは簡単で、まずは温泉水をボトルに採る。一〜二リットルもあれば十分だ。そしてフィルターで温泉水をろ過して、フィルターの上に微生物を集めていく。次に、フィルターからＤＮＡを採りだして、16ＳリボソームＲＮＡ遺伝子の塩基配列を調べてやると、そこに暮らす微生物たちの種類がわかる。

この手の実験では「ＤＮＡを増やす」という作業が必要で、ポリメラーゼ連鎖反応、いわゆる「ピーシーアール」（polymerase chain reaction の頭文字をとってＰＣＲ）という方法を使う。ＰＣＲさえすれば、ねらった遺伝子の断片をなんと一〇〇万倍にまで増やすことが可能だ。つまり、大量の温泉水をろ過しなくても、微生物を調べるために十分な量のＤＮＡが簡単に手に入るというわけだ。

そんなＰＣＲにはＤＮＡを増やすための酵素（ＤＮＡポリメラーゼ）が欠かせない。実は、この酵素には辺境微生物の一つ「好熱微生物」から見つかったものが活用されている。

お熱いのがお好き

好熱微生物（好熱菌）は、生育に最も適した温度が四五℃以上となる微生物の呼び名である。[5] さらに、最適な温度が八〇℃以上のものを特に「超」好熱微生物（超好熱菌）と呼ぶ。動物や植物が生きられる温度の限界が五〇〜六〇℃あたりであるのと比べると、[5] 微生物の能力がいかに驚異的であるかわかるだろう。

今でこそ、沸点に近い温度で暮らす超好熱菌がいることは微生物学の業界で〝当たり前〟であるが、そんな微生物がいるなんて誰も想像しなかった時代が過去にはあった。教科書に「好熱微生物を採るには五五〜六〇℃で培養すること」と書かれていた時代。[6] そんな時、常識を打ち破った微生物ハンターたちがいる。その先駆けがインディアナ大学（アメリカ）の微生物学者トーマス・ブロックである。

長年ブロックは、実験室で培養されたバクテリアばかりを研究していては、視野が狭くなる

のではないかと懸念し続けてきたのだ

デイヴィッド・トゥーミー著　越智典子訳『ありえない生きもの』白揚社

一九六五年の夏、ブロックはイエローストーン国立公園（アメリカ）を訪れる。この公園は温泉地として名高いところで、たくさんの間欠泉がある。彼は温泉が流れでるところにピンク色をしたゼラチン状の塊があることに気づく。水温は八二℃と高い。〝当時の〟常識で考えれば、こんな場所に微生物が暮らしているはずがない。生物ではない何かだろう。しかし、ブロックの目からすれば、その異様な物体は「明らかに生物のようだった」[7]。彼はさまざまな実験を行ったうえで、それが微生物であるという確信を持つ。ブロックの他にもピンク色の物体に気づいた人はたくさんいただろう。しかし、それを「微生物かもしれない」と疑って観察しはじめたのは、彼が最初なのである。

その後、ブロックは研究資金を得るための申請書をアメリカの国立科学財団に出し、イエローストーン国立公園での微生物ハンティングを企てる。研究をはじめた頃は、現場近くの小屋の中に即席の実験部屋をつくり、実験を行っていたらしい[7]。誰も知らない好熱菌を見つけるための執念だったのだろうか。結果として、ブロックらをもってしてもピンク色の微生物を培養できなかった。しかし、そこで見つかった微生物の一つがサーマス・アクアティクス（*Thermus aquaticus*）という新種だった。[8] 生育できる温度の上限は七九℃と非常に高く、長らく破られていなかったゲオバチルス・ステアロサーモフィルス（*Geobacillus stearothermophilus*）の持つ記録六五℃を超えた。[9] 好熱菌ハンター・ブロックの発見はこれで終わらない。その三年後、自身の記録をまた別の微生物の記録九七℃で大きく塗り替えた。[10]

後になって、サーマス・アクアティクスが持つＤＮＡポリメラーゼ（ＤＮＡ合成酵素）が、分子生物学の業界に革命をもたらす大発明「ＰＣＲ」につながる。さらに、好熱菌が暮らす場所は温泉だけでなく、海底火山といわれる熱水噴出孔など、他の辺境にも生息することが今ではわかっている。

東温泉の住人の正体は

今や、微生物学や分子生物学の研究室でＰＣＲ装置を持たないところはないと言いきれるほどに、この技術は広まっている。それは研究の業界だけにとどまらない。たくさんある中で一つ例を挙げるとすれば、犯罪捜査。たとえば現場に落ちていた髪の毛など微量の証拠品からでも、ＰＣＲを使うことによって犯人のＤＮＡを検出できる。そうすることで、容疑者のＤＮＡと比べる、いわゆるＤＮＡ鑑定が行えるようになった。

ここでまず、PCRによってDNAが増える仕組みを説明したい。

DNAは、二本の鎖がらせんを巻いている構造を持つ。PCRでは、DNA、DNA合成酵素、そして増やしたいDNAにくっつける目印（短いDNA断片でプライマーと呼ぶ）などを混ぜて溶液をつくる。九〇℃くらいの熱をかけてらせん構造をほどくと、一本の鎖になる。温度を下げてやってDNAを増やす酵素が働くと、一本鎖のDNAから対をなすもう一本の鎖を合成できる。つまり、ほどけた一本鎖それぞれから二本鎖を合成するため、DNAはもとの二倍となる。そして反応を続ければ一つが二つ、二つが四つと倍々に増えていく。この反応をたった一〇回繰り返すだけで（二の一〇乗）、DNAの一部がもとの一〇〇〇倍にまでなる。

だが、ここには決定的に大きな問題があった。九〇℃くらいに温度を上げるたびに、〝ふつう〟の酵素だとすぐに壊れてしまうのだ。DNAを増やすためには、酵素をあらたに何度も加える必要が出てくる。だが、酵素は高価でそんなにたくさん買えない。そこで、温泉に生きる微生物に目が付けられた。好熱菌たちは高い温度で暮らしているわけだから、それらが持つ酵素もまた高い温度で安定している。この〝耐熱性〟のDNAポリメラーゼを活用すれば、酵素が壊れる心配なんてせずにPCRを進められるのではないか、ということだ。そうして好熱菌の「*Taq* ポリメラーゼ」という酵素を用いたPCR法が確立された。開発を主導したのはシータス社（アメリカ）のキャリー・マリスで、のちにその功績でノーベル化学賞を受賞している。マリス博士が彼女とのドライブデート中にＰＣＲを思いついた逸話はもはや伝説となっている。ちなみに、酵素の名前にある“*Taq*”は、サーマス・アクアティクス（*Thermus aquaticus*）の属名の頭文字と種形容語の頭二文字をつなげたもの。ＰＣＲの時に、最初に*Taq*ポリメラーゼを入れておけば、後は温度を上げ下げするだけで、酵素をあらたに加える必要もなくＤＮＡを増幅できる。これがＤＮＡを扱う分子生物学その他の業界にとって革命的な発明であった。マリス博士は自伝の中でこう述べている。

ＰＣＲが野火のごとく世界中に広まっていくであろうと、私は確信していた。

キャリー・マリス著　福岡伸一訳『マリス博士の奇想天外な人生』早川書房

さて、好熱菌ハンター、ブロックからＰＣＲ技術へと、話が大きく逸れてきてしまったので（私の悪い癖）、再び本題に戻る。

ＰＣＲを使って、東温泉の温泉水から抽出したＤＮＡから16ＳリボソームＲＮＡ遺伝子の断片を増やす。そのあともういくつか実験をして、塩基配列を一つずつ解読していく。こうして得た配列をデータベースで照らし合わせると、古細菌メタロスファエラ・ハコネンシス（*Metallosphaera hakonensis*）のＨＯ一－一株（ＨＯ一－一は菌株名）に系統的に近いものが、東温泉にたくさんいることがわかった。第1章で出てきた、カール・ウーズが発見したあの古細菌（アーキア）だ。こ

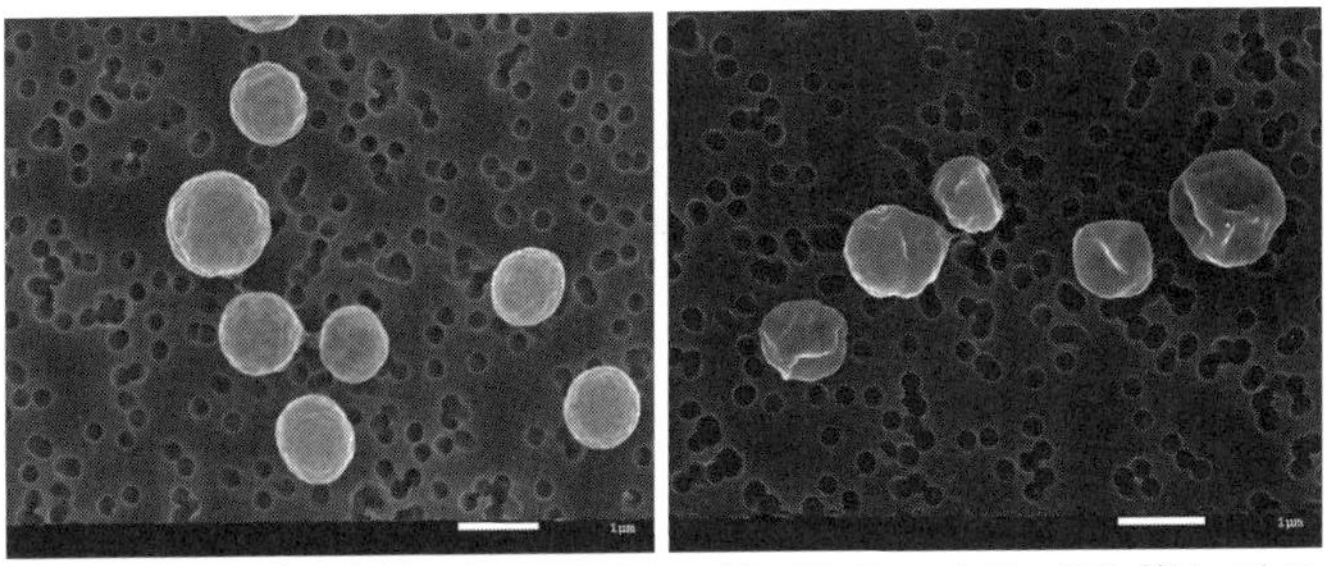

図 2-3　箱根温泉から見つかったスルフォディアイコッカス・アシドフィルス（*Sulfodiicoccus acidiphilus*）。さまざまな有機物や糖類を利用して育つ。まん丸の細胞（写真左）とボコボコと凹んだ細胞（写真右）。右下の白い線の長さは1マイクロメートル（0.001ミリメートル）。
（写真提供：創価大学　酒井博之氏、黒沢則夫教授）

の好熱菌は一九九六年に箱根温泉で見つかったもので、のちに創価大学の黒沢則夫助教授（現、教授）らによってこの学名へと再分類がなされた[11]。強酸性かつ熱い温泉にも微生物が確かにはびこっているのだ。近年、黒沢教授の研究グループは、箱根温泉から他にも新種の古細菌を相次いで発見している。新種の一つ、スルフォディアイコッカス・アシドフィルス（*Sulfodiicoccus acidiphilus*）はまん丸の形をしている。が、しばらく培養していると、その細胞はボコボコとした凹みも見られる（図2-3）。また、さまざまな有機物や糖類を利用して増えることができるのも特徴だ[12]。これからも国内外の温泉から新しい系統群が続々と報告されていくだろう。

　ところで、メタロスファエラ属の仲間たちは、陸上の温泉からたびたび見つかる。HO-1株の生育温度の範囲が五〇〜八〇℃、pHの範囲が一〜四であることを考えると[13]、それと同じ種類の微生物が東温泉に暮らしていることは何ら不思議ではない。だがふと考えると、箱根温泉と東温泉のようにたとえ遠く離れていても、よく似た環境に同じ種のものが棲みついている、という微生物の広がりにはただただ驚く。もし近所に同じような酸性温泉があるなら、そこにもこの種の微生物がいるかもしれない。

ここまで見てきたように、好熱菌の持つ酵素がPCRに利用され、今ではこの技術を用いて、温泉その他、さまざまな環境に生きる微生物が調べられるようになった。また研究業界に限らず、PCRは一般社会でも活躍している。ここで強調しておきたいのは、ブロックは実社会への応用を意識して好熱菌を研究していたわけではないということだ。フィールドで偶然見つけた謎のピンク色の物体をきっかけとして、好熱菌たちの棲む世界に思いを馳せた。そして意識しなければ見過ごしただろう幸運、いわゆる僥倖（セレンディピティ）を引き寄せたのである。

もっとお熱いのがお好き

ここまで偉人トーマス・ブロックを通して、辺境微生物たる好熱菌や超好熱菌が何者であるかを紐解いてきた。では、いま現在、微生物が生きられる高い温度の限界はどのあたりか？　かつてブロックが考えた「超超」好熱菌はいるのか？　その答えを得るために、多くの微生物ハンターたちが好熱菌ハンティングに取り組んできた。

ブロックが考えたのは、「何が究極なのか、超超好熱菌までいくのだろうか、生命が存続不能となるには、どれほど熱くならなければならないのか」ということであった。

ジノ・セグレ著　桜井邦明訳『温度から見た宇宙・物質・生命』講談社

ブロックが発見した超好熱菌の記録は長年続いた。しかし、その記録は微生物ハンターなら知らぬものなどおらぬカール・シュテッター（ドイツ）らによって、ピロロブス・フマリイ（*Pyrolobus fumarii*）の一一三℃で大きく塗り替えられる。[14] 続いて、他の研究グループが一二一℃という記録も報告したが、[15] この結果については再現性が認められなかった。従来の一一三℃ないし一二一℃という記録をさらに塗り替えたのは日本の微生物ハンターだ。海洋研究開発機構（JAMSTEC）の高井研博士が発見した微生物が出した記録「一二二℃」である。[16]

高井博士は、インド洋の深海から超好熱菌メタノピュルス・カンドレリ（*Methanopyrus kandleri*）の「一一六株」（株番号一一六）を見つけた。この微生物はメタンをつくりだすことのできる、通称「メタン菌」と呼ばれる古細菌（アーキア）である。メタンは燃える気体として都市ガスに含まれているので、耳にしたことがあるかと思う。深海の中でも、熱水噴出孔と呼ばれる海底下から噴き出る熱水（地熱で熱せられた水）という極限環境から、一二二℃で増殖できる微生物が発見された。この微生物を殺すためには一三〇℃で三時間も加熱する必要がある。[15]

実はこの「一二二℃」という温度にとてつもなく大きな意味がある。なぜか？

微生物を用いてあれこれ実験する際には、あらかじめ器具や培地に紛れこんでいる微生物を殺す、つまり〝殺菌〟することが必要である。そんな時、一般にはオートクレーブという大きな圧力釜で一二一℃、十五分間加熱する。これを〝滅菌〟という。こうすれば、すべての微生物が死ぬと考えられて「いた」。この条件は、少し前に紹介したゲオバチルス・ステアロサーモフィルスの芽胞を死滅させるのに必要な温度と時間にもとづく。しかし、この常識をひっくり返した生物こそが、深海から見つかったメタノピュルス・カンドレリなのだ。

余談だが、高井博士が所属するJAMSTECは、六五〇〇メートルの深さまで潜ることのできる有人潜水調査船「しんかい六五〇〇」など、多くの研究船や探査機を持つ世界有数の研究機関である。特に、二〇〇五年に完成した地球深部探査船「ちきゅう」は、海底下なんと七〇〇〇メートルという驚くべき掘削能力を持つ。今後、海の底のさらに深いところで暮らす未知なる辺境微生物たちの姿が明らかになっていくだろう。高井博士らは、地球最初の持続可能な生命は深海で誕生した、という仮説を築きあげながら、「生命の起源」という大きな問いに迫る研究を行っている。

深海底のメタノピュルス属の微生物にしろ、東温泉にいたメタロスファエラ属の微生物にしろ、私たちからすると過酷な高温の世界に暮らす生き物たちがいる。そもそもなぜ彼らは高い温度で生きられるのか？

その秘密の一つはタンパク質にある。PCRのところで説明したとおり、ふつうの微生物の持つ酵素は高温で壊れるものの、好熱菌のそれは安定している。酵素そのものは主にタンパク質でできている。タンパク質はたくさんのアミノ酸がつながったものが立体的に折り畳まれることで、はじめてその機能を発揮して働く。たとえば常温で働くふつうの酵素だと、高い温度にさらされること で立体構造が変わってしまい、正常な機能が失われてしまう。ここで深入りはしないが、好熱菌の持つタンパク質は、その立体構造が安定したり、またあるもので補強されたりするような仕組みがある。

加えてもう一つ。超好熱菌の持つDNAのらせん構造もまた高い温度で安定している。その秘密は、「リバースジャイレース」と呼ばれる酵素にある。この酵素の働きにより、らせんにさらにねじれを加え、「超らせん」をつくりだす。これがDNAの安定性、ひいては高温での生育には欠かせないものと考えられている。(17) 高温に暮らす微生物たちは、他の微生物とは異なるすごい仕組みをたくさん持っている。小さな点でどれも同じに見える微生物であっても、皆それぞれで能力は違うのだ。

オマーンで高アルカリ温泉めぐり

ここまでpHの低い酸性温泉を例にしながら、そこで暮らす常識はずれの微生物たちを見てきた。では、その反対のほう、すなわちpHが高い「アルカリ温泉」にはどんな生き物が棲んでいるのだろうか？　それを調べるチャンスが大学院生の頃にやってきた。

サハラ砂漠での調査を終えて一年が経った頃、次の調査に向けて準備に追われていた。行き先はアラビア半島の東の端にあるオマーン国。それまでオマーンについて詳しく調べたことすらなかったが、旅行者にならってガイドブックを買い、情報を集めていく。見知らぬ土地に行く時、何より事前の情報集めが大切である。どうやら調査地の近くには飲食店やスーパーマーケットがたくさんあり、調査中も食材や飲み物の調達には困らなそうだ。

と言っても、今回は少人数の調査ではない。北海道大学の佐藤努先生を隊長として、いくつかの大学の研究者たちが参加するチームでの調査である。過去にオマーンでの調査を経験している方々も多くてとても心強い。長年オマーンで調査を行っている先生から、現地の交通事情や気をつけるべきマナーなど、いろいろと教えていただくことができた。

そもそも、なぜオマーンに行くのか？

順を追って説明していくと、まず、オマーンには地質学や岩石学の観点からきわめて重要な「オフィオライト」というものがある。オフィオライトとはいわば「海底の化石」で、人間がまだ到達したことのない地球の深部――マントル――にあった岩石を含むひと続きの地層のこと。オマーン・オフィオライトは、地層の重なりがあまり乱されることなくきれいに保存されていることで名高い。そこでは、ふつうは海の底にあって決して見ることのできない地層や岩石を直に見ることができるので、世界中の研究者たちがオマーンを訪れる。

そしてオフィオライトを成す岩石の中に、「橄欖岩《かんらん》」と呼ばれる岩がある。この岩が水と反応すると、「蛇紋岩《じゃもん》」という岩石に変わる。この「蛇紋」という名は、岩石の表面に蛇の皮のような模様が見られることが由来だ。岩の名前はさておき、蛇紋岩ができる場所では、pHが高い温泉が湧き出る。特に、オマーン・オフィオライトで湧出する温泉水のpHはなんと一一をも超える。みなさんの身の回りにあってこれほど高い数値を持つものといえば、たとえば石鹸水や炭酸ソーダがある。

微生物はどのようにしてそんな環境で暮らしているのだろうか？　その謎に迫ることができる場所がオマーンにはあるのだ。過去にオマーンの地質調査に参加した佐藤先生は、高アルカリ泉が湧き出るそばで元気に泳ぐ魚を見ながら、そこでたくましく生きる微生物たちの存在も信じて、魚類学者や微生物学者を含む今回の調査隊をつくった。[18] 異国の地で、研究分野が大きく異なる研究者が集まって共同調査を行う機会などそうそうない。佐藤先生にはこの紙面をお借りして感謝申し上げる。

真っ白な川

オマーンの首都マスカットに到着。十二月というのに気温は二六℃。日本を出る前は寒さで震えていたが、ここは少し暑いくらいだ。真夏になると四〇℃を超える日もしばしばあるらしい。レンタカーを借りて、滞在先のホテルへ向かう。今回、マスカットから北西に二〇〇キロメートル以上離れた都市ソハールを拠点とする。ホテルでは調査機材の確認に加えて、これからの調査計画を話し合う。調査隊のメンバーが研究している対象は鉱物、魚、そして微生物とさまざまだ。それぞれの研究チームが十分な研究材料が得られるように調査地の優先順位をつけていく。調査でまわる順番が決まった後は、スーパーマーケットに買い出しだ。どこも食材は豊富で、肉やチーズ・お菓子など、何でもそろっている。調査の空き時間にとる食事には、手軽に食べられるサンドウィッチをつくっていくことに決めた。

さあ、いよいよ温泉調査に向かう。目指すは高アルカリ泉が湧き出る山岳地帯だ。佐藤先生の研究室の方々が運転する車に乗せていただく。温泉に向かう道中でまず驚いたのがその道路事情である。都市部では道路が整っているものの、調査地がある地方では整備が遅れている。日本に住んでいると、舗装された道路がほとんどだが、ここオマーンでは重機でならしただけの道が多い。そのため、角のある石がたくさん転がっている。もしパンクしてしまうと、新しいタイヤを買うのに数日かかってしまうので、気をつけなければならない。また、ラクダやヤギが道路を横断することがある。特にラクダは逃げるはやさが遅いので注意しないといけない。温泉に近づいてくると、もはや車では入れるようなところではなくなってきて、車から降りて歩くことにする。過去の調査で高アルカリ温泉の場所がわかっているので、その情報を頼りにGPSを見ながら進む。汗だくになりながらひたすら歩く。

温泉に近づいてきた。

白い！　ただただ白い!!

調査地に着いた時、私は何よりその白さに驚いた。温泉水と川の水が混じり合うところが真っ白だ（口絵4）。高アルカリ泉が湧き出るそばには、なにやら白っぽい沈殿物がたくさんある。pHは一一・七と高い。これは「ホワイトプール」と呼ばれており、白色の沈殿の正体は炭酸塩鉱物である[19]。炭酸塩とは炭酸イオン（CO_3^{2-}）を含む化合物で、いろいろな種類がある。たとえば石灰石の主な成分である炭酸カルシウム（$CaCO_3$）や、歯磨き粉の研磨剤に用いられる炭酸マグネシウム（$MgCO_3$）などがある。ここオマーンでは、温泉水に含まれるカルシウムイオン（Ca^{2+}）と河川水中の炭酸イオンが反応して、炭酸カルシウムができている。また温泉周辺では、炭酸塩沈殿物で石が固められた〝天然のコンクリート〟を見ることができる。コンクリートは、セメントと水を混ぜたセメントペーストによって砂利や砂を固めたものだ。驚くべきことに、高アルカリ泉のまわりにある天然物の硬さ（強度）は人工物のそれに匹敵する。[20] 自然の力ははかり知れないとは、まさにこのことだろう。

あちこちで湧き出る温泉を探して歩きまわっていると、場所によっては沈殿物が白色ではなく鮮やかな黄緑色をしていることに気づく。これはどうやら光合成を行う微生物シアノバクテリア（ラン藻とも呼ばれる）が育っているため、色が変わっているのだ。まだ詳しく調べていないが、顕微鏡で覗いてみると、通称「スピルリナ」と呼ばれるアルスロスピラ属（*Arthrospira*）のシアノバクテリアではないかと思われる。この通り名が「らせん」を意味するラテン語からきているとおり、その細胞はらせんの形をしている。スピルリナは高アルカリ環境で生育できることで有名だ。[21] 水を採ってpHを調べてみると、その数値は一一・一とやはり高い。ちなみに、アイスのガリガリ君ソーダ味は薄い青色をしている。これはスピルリナから抽出したフィコシアニンという青色によるものだ（着色料の名前はスピルリナ青）。[22] 次にみなさんがガリガリ君を食べる時には、シアノバクテリアを頭に思い浮かべてほしい。

話を戻そう。ここの温泉は炭酸ソーダのように高いpHを持つが、そこで微生物は炭酸塩鉱物に色を着けるほどにたくさん育っている。鉱物や岩石と聞いても、その言葉から生物を思い起こすことはあまりないだろう。当たり前だが、鉱物を放っておいても、そこから生物が現れるわけではない。しかし実は、微生物たちは鉱物をつくりだすことができるのだ。

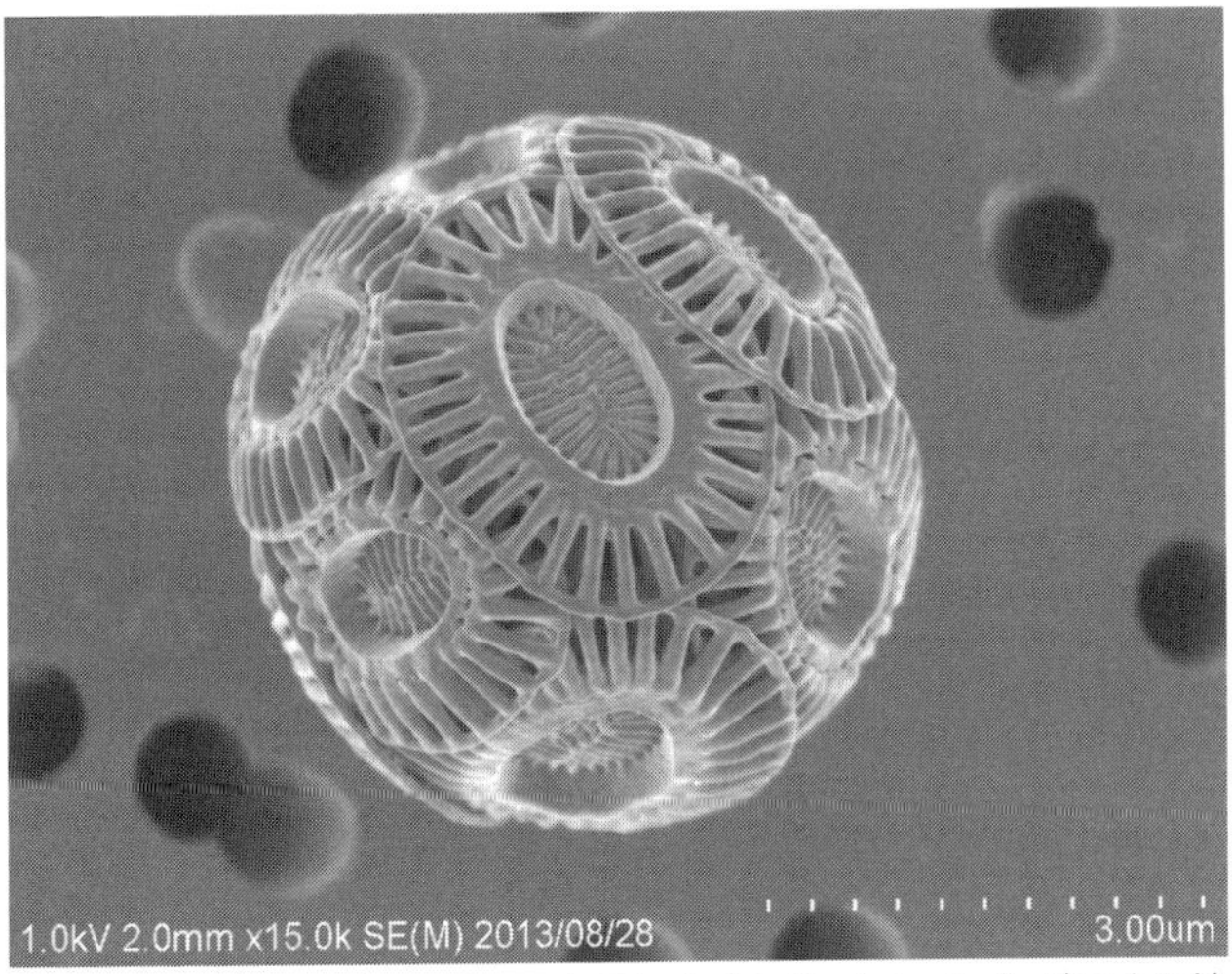

図 2-4　円石藻エミリアニア・ハクスレイ（*Emiliania huxleyi*）がつくりだす炭酸カルシウムの殻。右下の白い点線の長さは 3 マイクロメートル（0.003 ミリメートル）。（写真提供：国立環境研究所　河地正伸博士）

炭酸塩をつくる生き物たち

オマーンに湧き出る高アルカリ温泉のそばでは炭酸塩鉱物が沈殿する。生物が関わらなくても炭酸塩はできるのだが、生物たちもまたそれらをつくりだす。たとえば海に生きる円石藻や有孔虫という生き物たちは炭酸カルシウムのかたい殻をつくる（図2-4）。美しい形の殻は化石として残り、それらは過去の環境を探りだすうえで重要な目印となる。また先ほど登場した光合成微生物シアノバクテリアは、「ストロマトライト」と呼ばれる、いくつもの層をなす炭酸塩岩を形成することが古くから知られている。

炭酸塩をつくる生物は他にもたくさんい

る。四十年以上も前の一九七三年、スペインのバルセロナ大学の研究グループが、炭酸カルシウムを形成する微生物を土から二〇〇株以上も培養したと『ネイチャー』に発表した。[23] 微生物の種類を詳しく調べてみると、それらはバチルス属（*Bacillus*）、シュードモナス属（*Pseudomonas*）、スタフィロコックス属（*Staphylococcus*）というグループに含まれ、どこでも見つかる「ふつう」の微生物であった。目に見えない小さな生き物が炭酸塩をつくる能力を持つのはなんら特別なことではない、という衝撃の事実が明らかになった。

さらに面白いことがある。今、紹介した微生物たちは細胞の「外」に炭酸塩をつくる。一方で、アクロマチウム・オキサリフェルム（*Achromatium oxaliferum*）という微生物は、細胞「内」に炭酸カルシウムを溜め込む不思議な生き物だ。[24] なんと炭酸塩が細胞の体積の七〇％以上を占める。[25] 一八九三年に初めてこの奇妙な微生物が見つかってから、まだ誰も培養に成功していないのだが、細胞の大きさが数十マイクロメートルと大きく、さらに、細胞内に炭酸塩を持つ特徴から、顕微鏡を覗くとしばしばアクロマチウムを見かける。私たちも国内某所の池からアクロマチウム属の微生物を見つけたことがある。自身の細胞の中にはまるい形をした炭酸塩が細胞内にぎゅうぎゅうに詰まっていた（図2-5）。なぜこのような生き方をするのだろうか。興味津々たる微生物である。

細胞の外にしろ、細胞の中にしろ、微生物たちは炭酸塩鉱物をつくる。ただ細かい話をすれば、小さな生き物たちによる炭酸塩の形成は、何らかの活動をした結果として偶然に起こるもので、仕組みはよくわかっていない。今も研究者たちがその謎を追い求めている。イタリアの研究チームは、炭酸塩をつくるバチルス属の一種、バチルス・サブティリス（*Bacillus subtilis*）を使って、微生物が持つ遺伝子を壊しながら、その影響を詳しく調べた。つまり、どの遺伝子を壊せば、炭酸塩をつくることができなくなるのかを探ったのである。その結果、脂質をなす脂肪酸の代謝に関わりうる遺伝子を破壊した微生物だけで、培養液の中に炭酸塩が沈殿しないことを突き止めた[26]。なぜそのようなことが起きるのか。詳細は不明なままだが、この遺伝子とその働きは生物と鉱物（非生物）の間を橋渡しするものだと言えるだろう。

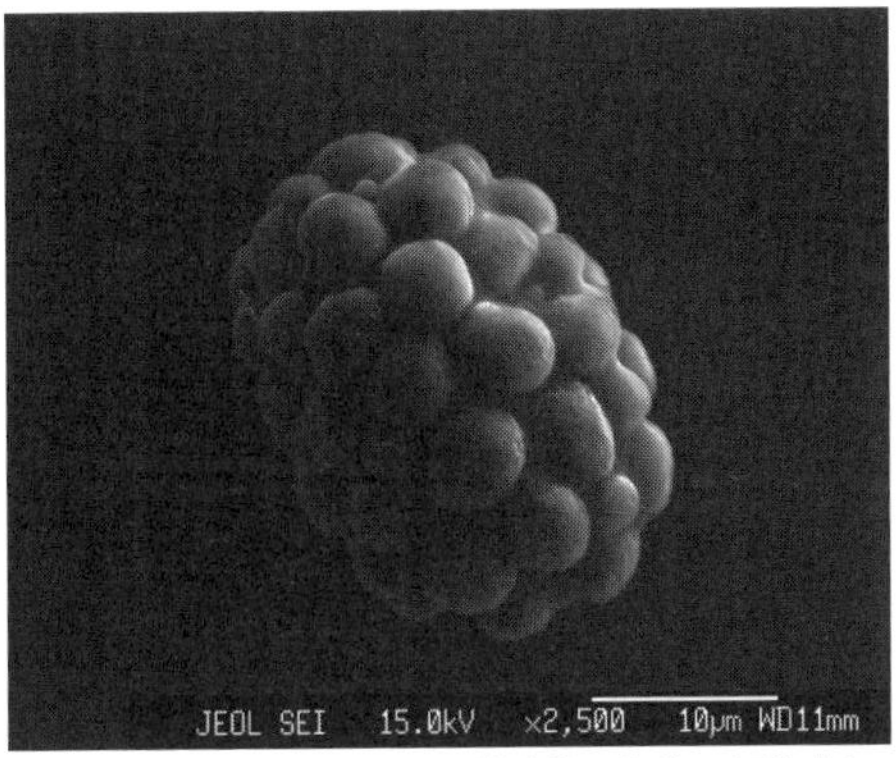

図 2-5　アクロマチウム属の微生物の細胞。細胞内に炭酸塩がぎゅうぎゅうに詰まっている。右下の白い線の長さは 10 マイクロメートル（0.01 ミリメートル）。
（写真提供：広島大学　幸村基世氏、長沼毅教授）

炭酸塩形成微生物を捕まえろ

さて、オマーンの話に戻ろう。高アルカリ泉はふつうの微生物は暮らすことができないほどにpHが高い。こんな場所でも炭酸塩をつくる微生物（以下、炭酸塩形成微生物）がいて、炭酸塩の沈殿にかかわる可能性はないか、気になって調べてみた。

調査を終えて日本に帰国したあと、さっそく培養にとりかかる。先人たちの尽力によって炭酸塩形成微生物を捕まえるための培地がすでに考えだされている[27]。しかし、これをそのまま使うわけにはいかない。オマーンに湧き出る温泉は高アルカリの条件であるのを忘れては駄目だ。できるかぎり現場の条件にあうように、培地のpHをふつうの七ではなく、一一にした。この培地を使った時、もし炭酸塩形成微生物がいれば、コロニーのまわりに白い結晶物が出てくる。そして結晶物が炭酸塩とわかれば、捕まえたものが炭酸塩形成微生物である、ということになる。

培養をはじめて数日後、コロニーのまわりに結晶物をつくる微生物がぞくぞくと姿を現す（図2-6）。予想していた以上に、結晶物をつくりだす微生物はたくさんいるようだ。やはり微生物による炭酸塩形成はふつうの現象で、どこからでも見つかるのかもしれない。第1章の一般的なコロニーの写真（図1-4）と比べると、明らかにその様子が違うことがわかるだろう。コロニーのまわりに直径一センチメートルほどの白い結晶物がつくられている。

それぞれの微生物を純粋培養してみると、どの微生物もおおむね現場のpHで十分に育った。実験室で飼えるようになると、いろいろな試験をして微生物の能力を詳しく調べられるのがよいところだ。例によって16SリボソームRNA遺伝子の塩基配列で培養菌株の種類を調べてみると、バチルス属（*Bacillus*）、ハロバチルス属（*Halobacillus*）、そしてオセアノバチルス属（*Oceanobacillus*）と大きく三つのグループに分かれた[28]。この分類群の中には、これまで炭酸塩の沈殿に関わることが確認された種が含まれる。バチルス属は先ほど紹介した。加えて、ハロバチルス属のハロバチルス・トゥルーペリー（*Halobacillus trueperi*）は炭酸塩形成微生物として有名な微生物で[27]、オマーンで採った温泉水からも見つかった。ハロバチルス属は一九九六年につくられたグループで、その種の数は年を追うごとにどんどん増えている。彼らが見つかる場所はさまざまで、タイ国の魚醤から海綿動物、洞窟の壁画、塩田、そして海底の泥などがある。まさにどんなところにもいる微生物だ。

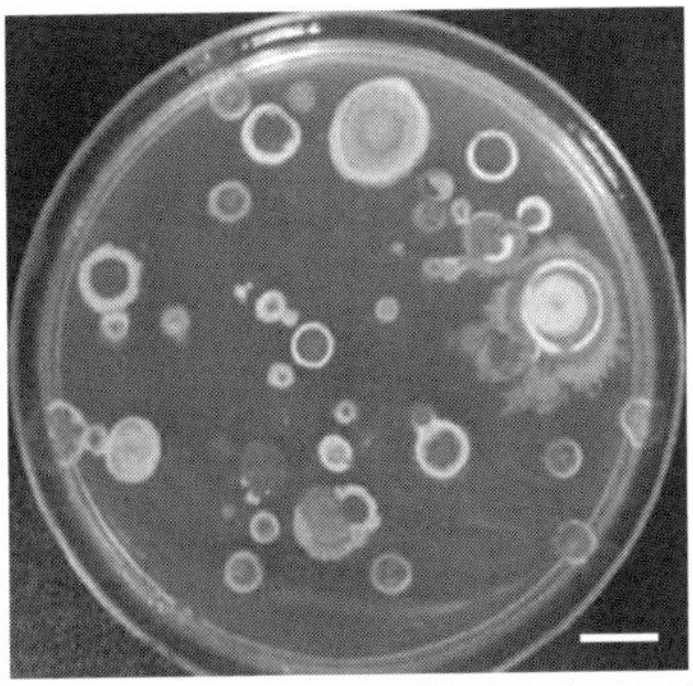

図 2-6　結晶物をつくる微生物たち（文献 28 より一部改変）。
ほぼすべてのコロニーのまわりに白色の結晶物が見られた。右下の白い線の長さは 1 センチメートル。

反対に、オセアノバチルス属については興味深い。なぜなら、培養に取り組んでいる現在、このグループが炭酸塩をつくるかどうかについてまったく報告がないからだ。今回オマーンから見つかった微生物は、オセアノバチルス・イヘイエンシス（*Oceanobacillus iheyensis*）にとても近縁であった。しかも、オマーンで訪れた四ヵ所の温泉すべてから見つかった炭酸塩形成微生物は本種だけ。オセアノバチルス属はもともと沖縄南西諸島近くの海底から発見されたのが最初である[29]。その報告によると、この微生物はpHが七・〇から九・

五のあたりでよく育ち、アルカリ環境を好む。面白いことに、塩（塩化ナトリウム）が二〇％以上も溶け込む培養条件でも死なない。つまり、塩漬けにしても死なない微生物なのだ。海水の塩分が約三％であることを考えると、驚くべき能力である。

なぜ、微生物は高アルカリ環境でも生きられるのだろうか。その答えとしていろいろなことが議論されている。その中から一つを挙げると、外から水素イオンをつぎつぎと取り入れて、細胞内のpHを低く保っていると考えられている。[30] つまり、自身の細胞内を〝酸性化〟して、アルカリ性になるのを防いでいるのだ。

ちなみに、オマーン産のオセアノバチルス属の微生物はpH一一でも生育することができ、海底から見つかったオセアノバチルス・イヘイエンシスとは生育できるpHの範囲が異なるようだ。つまり、オマーンでの微生物ハンティングにより、オセアノバチルス属の仲間たちが海底だけではなく、陸上にもいることがわかったのに加えて、生育可能なpHの限界値がさらに高いことも明らかになった。なお、現時点で微生物が生きられる最も高いpHの記録は一二・四だ。これは、南アフリカにある金鉱の地下水から見つかったアルカリフィルス・トランスバアレンシス（*Alkaliphilus transvaalensis*）が持つ記録である。[31] この微生物を培養したのは、最高温度で生きる微生物の発見者でもある高井博士である。

小さな世界のものづくり

顕微鏡で覗く小さな世界でも、微生物によるものづくり、いや鉱物づくりが行われている。オマーンで採った微生物がつくりだした結晶物が炭酸塩かどうかを明らかにするため、さらに実験を進めていく。まずはコロニーのまわりの白い結晶をひたすらかき集める。次に、電子顕微鏡で覗きながら、目的のところにある元素の種類を調べられるすごい装置「電子プローブマイクロアナライザ」（英語を略してEPMAと呼ばれる）を使って、結晶物を分析する。

そうすると、オセアノバチルス属の微生物は球のような形（図2-7）、バチルス属も同じく球形、そしてハロバチルス属は板のような形の結晶をそれぞれつくりだしていることがわかった。このような小さな結晶がたくさん集まって、コロニーのまわりに現れるというわけだ。元素を分析したところ、すべての結晶からカルシウム（Ca）、炭素（C）、そして酸素（O）の強いシグナルを得た。つまり、結晶物の主成分が炭酸カルシウム（$CaCO_3$）だとわかった。

結晶物が炭酸塩とわかったものの、まだ道半ばである。実は、炭酸カルシウムとひと言でいっても、カルサイト、アラゴナイト、バテライトと呼ばれる結晶の形が異なるものがある。面白いことに、微生物がつくる炭酸塩結晶の形は、生物が関わらずに生じるものとは異なる場合がある。このことはハロバチルス・トゥルーペリーを用いた研究ですでに確かめられている。[27] なぜ微生物がいる

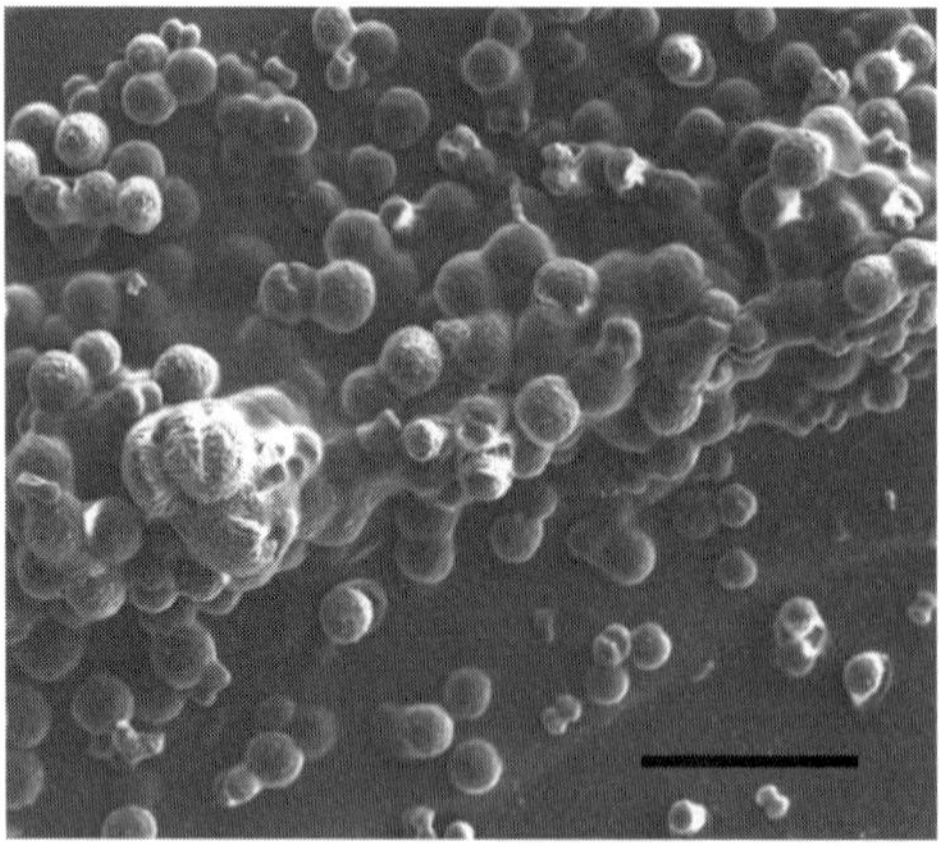

図 2-7　オセアノバチルス属の微生物がつくった結晶物（文献 28 より改変）。右下の黒い線の長さは 100 マイクロメートル（0.1 ミリメートル）。

と結晶構造が変わるのかは、よくわかっていない。が、一つの理由としては、炭酸カルシウムの結晶形に影響を与えるマグネシウムイオン（Mg^{2+}）やカルシウムイオン（Ca^{2+}）の濃度が、微生物の存在によって局所的に変わることが挙げられる。[32]

さてオマーン産の微生物はどうだろうか。結晶構造を明らかにできるX線回折装置、通称「XRD」を使って、オセアノバチルス属の微生物がつくった炭酸カルシウムを調べた。その結果はアラゴナイト。温泉水が湧き出るそばで採った炭酸塩沈殿物もまたアラゴナイトで、両者はぴったり一致した。しかし、ここで注意すべきは、私が分析したのはあくまでオマーン産の微生物を「実験室で」培養した時にできた炭酸カルシウムであるということだ。今後、オマーンの現場で培養するなど、「環境中で」培養した時にも同じ結果となるかどうかを確かめる必要がある。研究は、このようにして一歩、また一歩と証拠を集めながら進んでいく。

すべてがすべての場所に

唐突だが、一一三番元素ニホニウム（Nh）は日本がはじめて命名した新しい元素として話題になった。しかし、百年以上も前、日本人が発見した元素が周期表に載っていた時代がある。それは小川正孝博士が発見したニッポニウム（Np）だ。この元素は公式には認められずに幻となったものの、今ではそれは当時未発見のレニウム（Re）だったと考えられている。[33] 七五番元素レニウムを突き止めたのはドイツの化学者たちである。そのうちの一人、イーダ・ノダックは六〇〇種類の岩石を調べあげて〝元素普存説〟を唱えた人物だ。[34,35] これは、分析の技術を高めていけば、濃度の差があるとはいえ、「すべての元素が岩石の中に存在する」という考え方だ。

ところで、元素普存説のような考え方は、微生物の世界でも当てはまるのだろうか。ここでもう一つの仮説を紹介したい。微生物生態学における重要な仮説の一つに、オランダの微生物学者バース・ベッキングが唱えた〝everything is everywhere, but the environment selects.〟がある。[36] これを説明すると、次のようになる。

すべて（の微生物種）がすべての場所にいる（everything is everywhere）。しかし（but）、環境が選ぶ（the environment selects）。

つまりは、目に見えないほど小さな微生物たちは世界中を飛び回ってあらゆる場所にすでに到達していて、環境の違いによって優占する微生物種が異なるということを意味する。今、環境中にあるDNAを調べることによって簡単に微生物の種類がわかるようになったため、再びバース・ベッキングの言葉が注目されている。この仮説を確かめるために、地球上の遠く離れた場所に暮らす微生物を比べる研究などが盛んだ。

最後にもう一度、オマーンの高アルカリ泉に暮らすオセアノバチルス属を見てみよう。オマーン産の微生物は、これまでまったく知られていない新種では決してなかった。データベースと照合すると、海底や砂漠から見つかった微生物が持つ16SリボソームRNA遺伝子の塩基配列と似ており、その一致率は九九・九～一〇〇％と高かった[28]。海産のものは先ほど登場したオセアノバチルス・イヘイエンシス。そして砂漠産については、なんと長沼先生がサハラ砂漠の調査で発見したもの。このように、環境の条件が大きく異なるところに同じような微生物がいる。この微生物グループを見る限り、高アルカリ泉から採った微生物は、オマーンだけに生息するような固有種ではなく、世界中のあらゆる環境にいるコスモポリタンがその環境に適応したものと考えられる。将来的には、pHがより高い条件で生きられるオマーン産の微生物を使って、ほかの環境から採ったものと比べることで、アルカリ環境で生物が生きられる秘密が明らかになると期待している。

コラム② 宇宙と生命

高温や低温、無酸素や高圧力など、私たちから見ると厳しい環境の中で、辺境微生物たちは暮らしている。実は、こうした「すごい微生物」の発見は生物学に革命をもたらした。なぜそう言えるのか？　たとえば、物理や化学は、地球だけではなく、地球外すなわち宇宙でもそのまま適用できる学問であるのに対して、生物学は地球の生物「だけ」を扱う、極端な言い方をすれば〝限界がある学問〟であると言わざるを得なかった。しかしながら、極限的な環境にはびこる辺境微生物の発見をきっかけとして、条件さえ整えば他の惑星にも生物が存在する可能性が考えられるようになった。つまりこれは、生物学が地球外にも適用できることをはっきりと示し、より普遍的な学問へと昇華するパラダイム・シフトであったといえよう。

現在、宇宙と生命の関係性を探究するアストロバイオロジー（日本語に訳すと宇宙生物学）

が、アメリカ航空宇宙局（NASA）に端を発し、新しい学問分野として日本でも注目を集めている。二〇一三年に、おそらく日本ではじめてそれに関する総合的な書『アストロバイオロジー――宇宙に生命の起源を求めて』（山岸明彦編、化学同人）が出版された。また二〇一五年には、国立天文台、核融合科学研究所、分子科学研究所、基礎生物学研究所、生理学研究所の五つの研究所からなる大学共同利用機関法人「自然科学研究機構」が、新しい研究組織「アストロバイオロジーセンター（AstroBiology Center、略してＡＢＣ）」を設立した。

このように、アストロバイオロジーという先端分野に挑戦できる〝場〟が国内にできたことから、これからますます研究が盛んになると期待される。今後の動向から目が離せない。

第3章　北極

雪の女王は夏のテントをはるんですけど、女王のほんとのお城は、北極近くのスピッツベルゲンという島にあるんですよ。

アンデルセン著　山室静訳
『アンデルセン童話集2　雪の女王』講談社

（写真提供：矢部福二郎氏）

はじめての北極圏

人が手を入れていられないような高温のお湯の中でも微生物たちが暮らしていることを、国内のあちこちの温泉を調査しながら私は思い知った。そして今度は、夏に海外の温泉調査を行うチャンスがめぐってきた。温泉の湧き出るその場所はなんと地球の北の果て、北極圏である。

北極圏は北緯六六度三三分より北のところ。目的の温泉は、ノルウェーの北に位置するスバールバル諸島（あるいはスヴァールバル諸島）の最大の島スピッツベルゲンにある。手元にある世界地図を広げて見てみよう。北緯七七～八〇度に浮かぶ島々がスバールバル諸島だ。そんなところに極北の温泉、いや「世界最北」の温泉があるというから驚きである。

はじめは、スバールバル諸島やスピッツベルゲン島と聞いてもほとんど何も知らなかった（著者注：今では、スピッツベルゲン島はかの有名な映画、『アナと雪の女王』の原作とされるアンデルセン童話『雪の女王』の舞台として有名であるかもしれない）。近所の書店に行っても、この島に行くための旅行ガイドなどない。そこで私は、共同研究者から紹介のあった『スヴァールバルの地質』を読んで情報を集めた。この出版物は、ノルウェー極地研究所の太田昌秀博士が『Geology of Svalbard』を日本語に訳した学ぶところの多い資料である。

スバールバル諸島は、そのむかし、オランダ人の探検家ウィレム・バレンツが最初に発見した島々で、それは一五九六年のことだ（著者注：それより前にノルウェー人によって発見されていたともいわれる）[1]。彼の名前は北極海の一部、スバールバル諸島の南東に「バレンツ海」として残っている。スバールバル諸島内では、狭い地域でいろいろな地層を見ることができる。これまで数多くの地質学者がこの島を訪れ、時には恐竜の足跡化石を発見している[2]。つまり、そこは地球の歴史を記録した〝図書館〟とみなされていて、極域科学だけでなく、地質学の分野においてもきわめて重要なフィールドなのである。

　バレンツが訪れた後は、スバールバルは捕鯨基地として利用された。そして捕鯨が衰退した以降は、石油や天然ガスの探査が行われ、炭鉱の町として利用されるようになった。現在では、ノルウェーがスバールバル諸島を管轄しているものの、スバールバル条約に署名したすべての国がこの島で経済活動を行うことができる。日本もこの条約に署名している。つまり、この島に自由に住んだり、仕事したりできるのだ（著者注：執筆現在では、スピッツベルゲン島で日本人が営む寿司屋がある）。

　しかし、埋葬する事が認められていないなど、この島には決まりもある。もしも病気にかかってしまったら、島の外に出なければならないそうだ。ちなみに、スピッツベルゲン・アドベンチャーズという現地の会社のウェブサイトを見ると、いろいろな観光ツアーがある。その中の一つに北極結婚式（Arctic wedding）という企画があったので、どうやらここで結婚式を挙げることはできるようだ。

そんなスバールバル諸島は、今では北極研究の世界的拠点となっており、多くの国々がこの島に観測基地を設けている。諸島の一つ、スピッツベルゲン島にあるニーオルスン（あるいはニーオーレスン）という国際観測村には日本の基地もある。

そんな北極圏に浮かぶ島で私は微生物の生き様を調べることになった。なぜ調査の機会がめぐってきたかというと、二〇〇七年から二〇〇八年にかけては国際極年という記念すべき年の二年目で、さまざまな国が協力し合って北極と南極の研究が行われるからだ。これはいわば世界規模のサイエンスの〝お祭り〟だ。前回の国際観測キャンペーン（国際地球観測年という）が一九五七〜一九五八年だったので、なんと五十年ぶりのこと。もし次の開催も五十年後ということになれば、その時は私が七十五歳なので、現役を退いているだろう。気持ちとしては、何らかの形で研究を続けていたいが……。

この国際極年の中で、所属研究室の長沼先生が「極域の地球環境変動下における微生物学的、生態学的応答」という一大国際プロジェクトの代表を務めておられた。これは、世界中の国を巻き込んで、北極・南極の微生物の〝目録づくり〟をいっせいに目指すプロジェクトである。そのお蔭で、私も極域の調査に参加できるチャンスが出てきた、というわけだ。世界中の国々を挙げての〝お祭り〟に、辺境微生物の研究で貢献できるのはなんと幸せなことだろう。

今回の目的地は温泉だ。遡ること百万年から十万年前、スピッツベルゲン島の北部に位置する

「ボックフィヨルド」というところで最後の火山活動が起こっていた(3)。調べたところによると、ボックフィヨルドでは今なお温泉が湧き出ている。温泉の名は「トロルの泉」。水温は二五℃くらいで、高くてもせいぜい二八℃とのこと。トロルの泉は、陸の上にある温泉の中で世界最北だ。その温泉にはいったいどんな微生物がいるのだろうか。日本でよく見かける高温の温泉にいる微生物とは少し、いやまったく異なる辺境微生物たちが暮らしているかもしれない。資料を読めば読むほど、興味がわいてくる。

いざ、スピッツベルゲン島へ

二〇〇八年八月、私は成田空港にいた。これからいよいよ北極調査に向けて移動をはじめる。日本からスバールバル諸島までは直行便がない。日本からデンマーク、そしてノルウェーと飛行機を乗り継ぎ、スピッツベルゲン島にある「人口一〇〇〇人以上の町」としては世界最北のロングイヤービエンを目指す（スピッツベルゲン島には「世界最北」がつくものが数多くある）。順調に乗り継いでいくと、時差はあるものの、日付が変わらないうちにロングイヤービエンに到着できる。

しかし早速のトラブル発生。乗り継ぎの途中、ノルウェーのオスロ空港に着いたところで、現地に濃い霧が発生しているため、飛行機が飛ばないことがわかった。空港そばのホテルで一泊して、

図 3-1　ノルウェー領スピッツベルゲン島のロングイヤービエン空港にあるホッキョクグマの剝製。

翌日あらためてロングイヤービエン行きの飛行機に乗り込むことにする。スバールバルでの滞在日数が限られているので、明日以降は天候に恵まれてほしい、と願うばかりである。

翌朝、ドキドキしながら空港のフライト情報を見に行く。案内版を見ると、天候の確認で出発時刻が遅れるものの、飛行機が飛ぶことがわかった。

いざ、スバールバル諸島へ。飛行機に乗って北へ北へと進む。三時間が経った頃であろうか。島に近づいてくると、飛行機の窓から見えるのは先端が尖った山々（口絵5）。発見当時、探検家ウィレム・バレンツがこの島々をオランダ語で「とがった山々」を意味するスピッツベルゲンと名づけたのも頷ける（そのため、むかしはスピッツベルゲン諸島と呼ばれていた）。

図 3-2　白夜で長く伸びる影。

無事、ロングイヤービエン空港に到着。気温は五℃。想像していたよりも寒くない。だが、少し風が吹くと、体感温度が下がるので、調査中は特に体を冷やさないように気をつけなければならない。空港の外には「クマ注意」の看板。空港内に入ると、ホッキョクグマ（いわゆるシロクマ）の剝製が出迎えてくれた（図3-1）。実物の大きさにただただ驚く。剝製を見ていると、北極圏にいる実感が湧いてくる。そして今は白夜の時期。太陽は低く昇り、低く沈むのみで、一日中明るい。低い太陽なので、外に出れば、私の体の影は長く伸びる（図3-2）。

極地とはいえ、ロングイヤービエンにはホテルやスーパーマーケットがあるので、寝泊まりや食事で困ることはない。移動するのにもレンタカーを借りることができる。レンタカーを借りて、ホテルへ移動。到着したら、まずは日本から送った調査器具や防寒着などが届いているか確認だ。一つ一つ確認していくと、送ったものはすべて届いていた。これで、ひと安心。

調査道具がそろっているとわかれば、すぐに出発！　といきたいところだが、そうはいかない。この島で調査を行う前に、いろいろとやっておくべきことがある。

二〇〇二年からスバールバル環境法が発効されており、島全域において環境に影響をおよぼすような活動が厳しく規制されている。つまりは、自然を壊さないように、また動物に刺激を与えないように、調査や旅行が行われなくてはならない、ということだ。島内の自然保護のため、許可なく勝手に植物や土など環境サンプルを採ることは一切できない。今回のような生物調査を行う場合は、まずは調査の目的や内容・調査場所などをR i Sと呼ばれるデータベースに登録しなければならない（R i SはResearch in Svalbardの略）。さらに、その内容をスバールバル総督府というところに報告して調査の許可を得る必要がある（著者注：執筆現在では、他にも新たなルールがあるかもしれないので、調査や旅行に行く方は最新情報を確認すること）。

日本を発つ前に、一連の申請を行っていたので、それらの書類をすべて持って町の総督府事務所に行き、必要な手続きを行う。

さて、その次は、ライフルを手に入れなければならない。

ここスバールバル諸島では、町中にまでホッキョクグマが出てくる。北極海の氷の上をのそのそと歩くホッキョクグマは、陸上で最も大きな肉食獣。大きなオスは、体長は二メートル、体重は六〇〇キログラムにもなるそうだ。町でホッキョクグマが目撃された時には、ホテルやスーパーの掲示板に目撃場所などが貼りだされる。もしもの時、ホッキョクグマから自分の身を守るために、野外で行動する時にはライフルの携帯が必須である。

極北の温泉があるボックフィヨルドも野外だ。では、そのライフルは誰が持つのかというと、それは調査隊のメンバーのどなたか、である。ライフルなんて持ったことも触ったこともない……という人でも持たなければならない場合がある。ただ、そこまで心配しなくてよい。ロングイヤービエンではライフルの取り扱いを学ぶ講習があるので、はじめてライフルを持つ人はそれを受講すればよい。一方、今回の調査では、ヒグマ撃ちの名人、北海道愛別町の矢部福二郎さんに日本からご同行いただいて、矢部さんがライフル携帯を担当し、研究者全員の調査をサポートしてくださることになっている。なんとも心強い！（著者注：これは後でわかることだが、安心して調査に集中できるのはとても大切なことである）

世界最北の温泉

調査の準備は着々と進んでいた。安全に万全を期すため、今度は町にある世界最北の大学スバー

図 3-3　世界最北の大学、スバールバル大学センター。夏の時期は、大学近くの氷河などでフィールド実習がよく行われる。

ルバル大学センター（University Centre in Svalbard、略称がUNISなので「ユニス」と呼ぶ）に向かう（図3-3）。一九九三年にノルウェーの四つの大学により開学したユニスでは、北極生物学や北極地質学など極域科学に関わるさまざまな分野の教育が行われている。大学に近づくと、たくさんの学生が何やら重そうなリュックやハンマーを持って続々と出てくる。聞くところによると、この八月の時期は、毎日のように野外で実習があるとのこと。なんとぜいたくな実習だろう。

大学の建物の中にはスバールバル博物館、ノルウェー極地研究所のオフィスもある。今回ここに来た目的は、極地研究所から非常用グッズを借りること。救急箱、衛星電

郵 便 は が き

料金受取人払郵便

晴海局承認

6260

差出有効期間
平成32年 5月
6日まで

1 0 4 8 7 8 2

9 0 5

東京都中央区築地7-4-4-201

築地書館 読書カード係 行

お名前	年齢	性別	男・女
ご住所 〒			
電話番号			
ご職業（お勤め先）			

購入申込書 このはがきは、当社書籍の注文書としてもお使いいただけます。

ご注文される書名	冊数

ご指定書店名　ご自宅への直送（発送料230円）をご希望の方は記入しないでください。

tel

読者カード

ご愛読ありがとうございます。本カードを小社の企画の参考にさせていただきたく存じます。ご感想は、匿名にて公表させていただく場合がございます。また、小社より新刊案内などを送らせていただくことがあります。個人情報につきましては、適切に管理し第三者への提供はいたしません。ご協力ありがとうございました。

ご購入された書籍をご記入ください。

本書を何で最初にお知りになりましたか？
□書店　□新聞・雑誌（　　　　）□テレビ・ラジオ（　　　　　）
□インターネットの検索で（　　　　）□人から（口コミ・ネット）
□（　　　　　）の書評を読んで　□その他（　　　　　　）

ご購入の動機（複数回答可）
□テーマに関心があった　□内容、構成が良さそうだった
□著者　□表紙が気に入った　□その他（　　　　　　）

今、いちばん関心のあることを教えてください。

最近、購入された書籍を教えてください。

本書のご感想、読みたいテーマ、今後の出版物へのご希望など

□総合図書目録（無料）の送付を希望する方はチェックして下さい。
＊新刊情報などが届くメールマガジンの申し込みは小社ホームページ（http://www.tsukiji-shokan.co.jp）にて

話、音響手榴弾、そして信号弾などを借りて、万が一、野外で遭難した時にそなえる。

準備は整った。さぁ今すぐボックフィヨルドへ！　といきたいところだが、これまたそうはいかない。ボックフィヨルドは陸地を歩いて行けるような場所にはないので、空か海から行く必要がある。今いるロングイヤービエンから目的地ボックフィヨルドまでは、約二〇〇キロメートルもある。今回、調査日数が限られているので、長沼先生と相談しながら空路で現場に行くことにしていた。今晩はゆっくり寝て、明日いよいよ極北の温泉を目指す。

調査用具や非常用グッズの使い方をもう一度確認していたら、あっという間に時間が経って、夜の二十三時だ。本来なら外は真っ暗なはずだが、白夜なので明るい。太陽が沈まぬ島にいることをかみしめながら、今夜は眠ろう。

翌日、指定時間に空港に着くが、ボックフィヨルドの天候が悪く、ヘリコプターが着陸できないとのこと。残念。だがまだ調査日数は残っているし、自然を相手にして無理をするのはよくない。幸いにも、明日のフライトに空きがあるので、すぐに予約した。

次の日、現地の天気が良くないものの、着陸はできるとのパイロットの判断で、フライト可となる。よかった！　調査時間は限られるかもしれないが、明日まで待ったところで、天候が回復するかどうかわからないので、行ける時に行かなければならない。ロングイヤービエンからボックフィヨルドへは約一時間のフライトだ。山を越え、氷河を越え、ヘリコプターは北へ北へと進んでいく。

飛行機の時とは違って、ゆっくりと山肌を見ることができる。氷河が大地をけずってつくった谷を窓にへばりつくように眺める。

目的地のボックフィヨルドに到着。

パイロットに聞けば、天候が良くないので、ここに滞在する時間は約四時間と決まった。もし天候が急変すれば、すぐに帰らなければならない。ヘリを降りてすぐに、長沼先生から「やれるだけのことをやろう」という一声で調査開始。矢部さんがまわりにホッキョクグマがいないか目を光らせながら歩き回っている。私たちはトロルの泉を探して地図を片手にうろうろする。

トロルの泉では、温泉に産する炭酸カルシウムの沈殿物（石灰華）が長い年月をかけて蓄えられて固まった巨大な階段状の構造物、いわゆる石灰華テラスが見られる（著者注：第2章で触れた高アルカリ泉で産する炭酸塩鉱物の話を参照）。つまりは、石灰岩の白く巨大な塊だ。トロルの泉を探すうえではそれが目印となる。少し高いところに立って、あたりを見渡すと、遠くに白くなっているところが見える。あれが石灰華テラスに間違いない。

近づいてみると、温泉がつくりあげたその雄大な構造物に目をうばわれる（図3-4）。まわりでは確かに温泉が湧き出ている。すでに湯が枯れてしまったところもあるようだ。

いくつかある温泉の中でも一番大きなところに到着。まず何より驚くのが微生物たちの存在だ！藻類やシアノバクテリアと思われる黄緑色をした微生物が、ものすごい数で温泉に生い茂っている

図 3-4　トロルの泉に発達する石灰華テラス。石灰華テラスとは、温泉中に含まれる炭酸カルシウムの沈殿物（石灰華）が長い年月をかけて蓄積した構造物。

ではないか！　微生物が増えすぎたからなのか、それらは何やら塊をつくっている。塊に気泡がついているので、微生物たちが元気に光合成していると思われる。湯温を測ってみると二四・二℃。pHは七・〇。微生物たちの塊を眺めていると、泉の底からポコポコと音をたてて湯が湧き出ている。泉をできるだけ汚染しないように、特に自分の身体にくっついている常在菌が混入しないように、あらかじめ滅菌した防塵服に身を包み、サンプリングを行う（口絵6）。日本に帰って微生物を培養したり、DNA解析したりするので、温泉水をボトルに採っていく。

すぐそばにあるもう少し小さな温泉も調

図3-5　草を食む１頭のスバールバルトナカイ。世界最北に暮らす草食獣で、白毛が特徴である。（写真提供：矢部福二郎氏）

べると、こちらは一六・三℃と低い。先ほどの温泉と同じように、水気の多い温泉の周辺はコケや地衣類（菌類と藻類の共生体）がたくさんいて〝緑の絨毯〟が広がっている。また、このあたりには〝あの〟生物の大きな角も転がっている。それは世界最北に暮らす草食獣スバールバルトナカイ。白毛が特徴といわれるこのトナカイは島の固有種である。他の場所に比べるとはるかに緑が多いので、スバールバルトナカイたちはここを餌場としているのだろう。そしてトナカイの糞もまた微生物たちの栄養源になっているに違いない。そんなことを考えていたところ、幸運にも生きているスバールバルトナカイに出会った（図3-5）。私たちを威嚇するようなこともなく、草をむさぼるように食べていた。ここで栄養をしっかり蓄え、厳しい冬に備えるのだろう。

限られた時間の中で、複数の温泉で微生物をあれこれと調べるのに十分なサンプルを集めることができた。温泉水だけではなく、あの黄緑色をした微生物の塊、そして石灰華（著者注：自然を壊さぬように石灰華テラスから剝がれ落ちていた破片のみ）を採取できたのが良かった。このような貴重なサンプルが採れたのは、ヒグマハンターの矢部さんがまわりを監視してくれていたからだ。日本に戻った後で、どんな微生物が培養できるのか、今からとても楽しみだ。

温泉水から微生物を見つけ出せ！

帰国後、早速実験にとりかかる。トロルの泉の温度やpHなどのデータを確認しながら、栄養分を少なくした培地をつくったり、それをさらに薄めたりするなどして微生物を培養する。二週間ほどたって、ようやく培養液を入れた試験管が濁りはじめたので、何らかの微生物が増えてきたようだ。この瞬間がワクワク、ドキドキである。

いつものごとく16SリボソームRNA遺伝子の塩基配列を調べたところ、藻類などが生い茂る温泉水から採った微生物は、バクテロイデテス門（*Bacteroidetes*）というグループに属することがわかった(4)。だが、データベースと照らし合わせても近縁なものがまるでないので、新種の可能性が高い。

極北の温泉に棲むこのグループが、藻類と何らかの関わり合いを持っていたら面白い。ちなみに、バクテロイデテス門の仲間は、私たちの腸内で優占する系統の一つとして有名だ。

また、石灰華の破片を入れた試験管でも、微生物が増えた。この微生物はアルファプロテオバクテリア綱（*Alphaproteobacteria*）に属するものの、これもまたデータベース上の微生物のどれとも似ていない。[4] 一方で、驚くべきことに、この微生物は、研究室の後輩がしばらく前に分離した微生物たちと系統的によく似ていることがわかった。それら微生物の分離源は、北極から遠く離れた中国のゴビ砂漠および日本の出雲市内である。北極、中国、および日本から見つかった微生物が互いにきわめてよく似ているのはなぜだろうか。

そういえば以前、研究室にグリーンランドの氷河で採ったサンプルがあった。グリーンランドは北極海と北大西洋の間にある島。ここから見つけた微生物バチルス・リケニフォルミス（*Bacillus licheniformis*）を調べた時もまた、ゴビ砂漠産のものとよく似ていた。[5] 16SリボソームRNA遺伝子の塩基配列を比べたところ、両者は一〇〇%で完全一致した。第1章で触れたとおり、芽胞をつくるバチルス属の微生物は地球上に広く分布している。さらに、この種の微生物は、黄砂やサハラダストからも見つかることから、砂に〝乗って〟世界中を旅していると考えられる。ただ、ここで重要なことは、黄砂は偏西風（西風）によってゴビ砂漠から日本へ〝横移動〟するため、ゴビ砂漠産と日本産のものが互いに似ているとしてもそこまで不思議ではない。

しかし考えてみると、ゴビ砂漠産のものと似たものがスピッツベルゲン島やグリーンランドのような北極域からも見つかるのは不思議だ。なぜなら、ゴビ砂漠と北極の間の〝縦移動〟はどのようにして起こるのかがよくわからないからである。

ここで地球における大気の構造や風の循環を見てみる。ゴビ砂漠がある中緯度では偏西風（西風）が西から東へ吹くのだが、北極域のような高緯度では極東風（東風）が東から西へ吹く。このように中緯度と高緯度では〝逆向きの風〟が吹いている。そんな中でどのようにして微生物たちが〝縦移動〟しているのだろうか。もしかすると、それら西風や東風が吹くところ（対流圏）よりもさらに高いところ、いわゆる成層圏で微生物が飛び回っているのかも……それならばとても面白い。まあるいは、そもそも大きな規模で発生する黄砂が極東風帯をも飛びわたるようにしてグリーンランドに届いている可能性だってある。事実として、グリーンランドの氷の中から中国の砂漠を起源とする砂粒子が見つかった、という報告もあるくらいだ(6)。

いずれにしても、微生物たちが大気中のどこで、どのようにして移動しているのか、ということが今後ますます大事になってくると私は思う。もし砂漠に暮らす微生物が砂に〝乗って〟北極域へ移動しているのであれば、もともとそこにいた微生物に対してどのような影響をおよぼすのか、という問題もある。私たちの目にはきらきらとした点に見える砂は、想像以上にさまざまな微生物であふれていることを忘れてはならない。そのむかし、「赤毛のエイリーク」として知られる海賊がグリーンランドに降り立ったのと同じように、時を経て、今度は砂漠微生物たちがグリーンランドなど北極に来ているのかもしれないのだ。

スピッツベルゲン島で見つかった微生物をきっかけにして、地球規模での微生物の旅にも思いを馳せることができた。が、今述べたように、いろいろな疑問もたくさん出てきたので、北極の微生物を引き続き調べていかなければならない。

再びスバールバルへ

トロルの泉を目指したはじめての北極調査が無事に終わり、しばらく経った頃、系統学的に新しい微生物がいることがわかってきた。調査で見つけた微生物をあれこれと調べながら、スバールバルで調査していた時の写真を見返していると、また行きたいという気持ちが湧きあがってくる。北極に浮かぶあの島には不思議な魅力がある。

今回の調査ではボックフィヨルドを中心に調査を進めたが、島内の他の場所を調べておらず、新種の微生物がまだまだたくさん潜んでいるかもしれない。当然ではあるが、一度の調査で調べられるところはほんのわずかだ。島内には氷河とその融け水、そして湖や川など、さまざまなフィールドがある。

スバールバルにまた行きたい。思い立ったらすぐ行動だ。

二〇〇九年の八月、ニーオルスンにある日本の観測基地に滞在させていただきながら、氷河が後退して岩石がごろごろと露わになっているところでサンプルを採取。こういった氷がなくなった「氷河後退域」においてまずどのような微生物たちが棲みはじめるのか、またそれらがどのように変わっていくのかということは、微生物集団の〝移り変わり〟を知るうえでとても重要である。氷河後退域から氷河末端、そして氷河の上にいたるまで広く調査したかったが、この年は天候の悪化などもあり、氷河をじっくり登ることができぬまま帰国することになった。

だが次の年、二〇一〇年には、幸運なことに大学から短期留学の支援を受けられることになり、一ヶ月間、スバールバルに滞在できることになった。留学先の大学は、もちろんユニスことスバールバル大学センターである。これまで調査日数は約一週間だったことを考えると、十分な時間がある！　大学の近くにある氷河の上を毎日のように歩き回れる。

ただ今回、外を歩き回る時には、自らライフル持参で行動しなければならない。ライフルの扱いに不安はあるものの、先ほども触れたとおり、スバールバルではライフル講習を受けることができる。ウェブページで講習の内容を調べると、丸一日の講習は日本円で二万円ほど。日本を出発する前に予約しておいた。

二〇一〇年八月、私は三たびスバールバルに来た。三度目ともなると、調査の準備、現地での調査申請、そして非常用グッズのレンタルなども慣れているので、少しばかり気持ちに余裕がある。以前の調査と大きく違うのは、ライフルの講習と射撃訓練を受ける必要があること、だ。

早速、講習に出てみると、まずは座学からはじまる。立ち上がったホッキョクグマのイラストが講義室のスクリーンに映し出される。これはおおむね実物大の大きさである、と講師の先生が言う。急所について説明があったが、実際には目の前に近づいてきた時に銃を撃つので、遠くから急所を狙うことはないらしい。こんな生物が目の前に現れて、ライフルをかまえる余裕が果たしてあるのだろうか……と思いながらも、ここでしっかり学んでおかないと、もしホッキョクグマに出くわした時に大変なことになる。事実、スピッツベルゲン島でクマに襲われて命を落とした方々もいると聞く。

座学が終われば、いよいよ外に出て実践だ。講師の先生から耳栓と本物のライフルを渡される。想像していたよりもライフルは重い。実弾を受け取り射撃練習だ。実際に撃ってみると、的に当てるのが難しい。撃つたびに的を確認しに行くが、ことごとく外している。何度か射撃しながら、少しずつ感覚を掴んでいく。一緒に講習に出ていたのもイタリアから来た地質分野の研究者だった。これからいろいろな化石を調べるために野外に出るため、ライフルの使い方を習いにきたとのこと。講習のあとは、先生から修了証をもらい、近くのお店でライフルをレンタルして終わりだ。当初からの予定ではあるが、ライフルの講習だけで丸一日を費やす。が、安全に調査を行うためには必要

図 3-6　町から眺めるロングイヤービエン氷河。写真の真ん中にあるのが氷河。

だ。

氷河探訪

準備が整ったところで、氷河へ。大学の近くには町の名がついたロングイヤービエン氷河がある。町からもその氷河を眺めることができる（図3-6）。これだけ近い距離にあれば、もし天気が急に悪くなっても、早く戻ってこられる。とはいえ、一人で氷河に入ることは認められていないので、観光ガイドとともに、ライフルを抱えて氷河を登る。

氷河の入り口に到着。そこは氷河が大地をえぐり、ほじくりかえした岩石の破片がものすごい数で積みあげられている。不ぞろいな岩の破片に足をとられないように気をつけながら前に進む。本章のはじめに触れたとおり、ここスバールバルでは恐竜や森林の化石が産する。実際に岩の破片を手に取ると、木の葉の化石を高い確率で見つけることができる。ガイドの方によれば、化石が好きな人たちは氷河に上らず、この氷河の入り口あたりでずっとへばりつくように化石を観察しているとのこと。やはりここは化石好きにはたまらない場所なのだろう。私もゆっくり化石を眺めていたいが、そうはいかない。目的は氷河に生きる微生物たちだ。

先へと進み、氷河に登りはじめたところで、不思議な光景に出会う。氷河のある一部だけがうっすら赤い。近づいてみると雪や氷が赤く色づいている。

これは「赤雪」と名づけられるもので、その正体は雪や氷の表面で光合成しながら増える藻類たちだ。「雪氷藻類」と呼ばれる。(7) 赤雪があるところに温度計をあててみると〇・三℃だ。冷蔵庫の中(おおむね四℃)より寒いところで、生物は確かにはびこっている。しかも、私の目に見えるほどに、だ。

雪氷藻類としては、緑藻の仲間がよく見つかるそうだ。代表的なものにクラミドモナス・ニバリス(*Chlamydomonas nivalis*)という藻類が知られる。この種小名はラテン語の「雪」にちなんだもの。論文を読んで赤雪の存在は知っていたが、こうして自分の目で見るのははじめてだ。確かに赤い!英語でスイカ雪(watermelon snow)と言われるのも納得だ。

ちなみに、赤雪については長い歴史がある。今から二千四百年も前、古代ギリシャの哲学者アリストテレスが『動物誌』に「古い雪は赤みをおびてくる」と書き残していて、赤雪に触れている。その後、時が経って十九世紀になり、北極探検が盛んになった頃に探検家たちが赤雪に注目した。時を同じくして、顕微鏡の精度も上がったことから、赤雪の詳しい観察がなされるようになり、その正体たる雪氷藻類の存在が明らかとなった。雪が色づく現象は、今や世界各地の氷河や雪渓の表面で見つかっている。

そもそもなぜ雪が赤く色づくかというと、藻類が増える時につくりだすカロテノイドによる。カロテノイドは野菜などにも含まれる黄色や赤色の色素である。このような色素は有害な紫外線を吸収してくれるので、自分自身を守るための戦略の一つとなる。氷河の上で生きていくために、微生物たちは身を守る術をそなえているのだ。顕微鏡で赤雪を見れば、赤い色をした微生物の細胞をはっきりと確認することができる（口絵7）。また、藻類たちがつくりだすものに応じて色が変わることも知られていて、場所によっては緑雪や黄雪も見られるそうだ。

雪や氷の表面で生きているのは雪氷藻類だけではない。もちろん本書で取り上げている微生物（特に細菌）も生きている。大事なこととして、雪氷藻類が光合成によってつくりだす有機物は、他の微生物にとってよい餌になりうる。つまり、氷河の上といえど、極寒を生きる辺境微生物たちが藻類に群がってくっついている可能性があるのだ。光合成する藻類が起点となって微生物が寄り集まっているのであれば、赤雪から微生物をハンティングすれば、より多くの新種が見つかるかもしれない。そんなことを祈りながら、目の前に広がる赤雪をチューブに採っていく。

さて、ここまで赤雪について見てきたが、実は、氷河の上にはもっと多くの微生物が暮らす〝氷河上のオアシス〟がある。

赤雪を採った後も調査は続く。他の場所を見ると、また面白い微生物に出会う。次の調査ポイントは「クリオコナイトホール」と呼ばれる氷河の上にできる水たまりだ。円柱状の小さな水たまりの中を覗くと、底には黒い団子のような塊がたまっている（口絵8）。黒っぽい塊は「クリオコナイト粒」と呼ばれるもので、クリオコナイトという言葉はギリシャ語で「氷」と「泥」を意味する言葉をつなげたもの。クリオコナイト粒には大気中から降ってきた鉱物や土の粒子が含まれるのだが、そこには微生物ももちろんいる。というよりも、糸の形をしたシアノバクテリアこそがこの構造物をつくりだしているのだ。(8、9) 雪氷藻類と同じように、このクリオコナイト粒もまた世界中のあちこちの氷河で見つかっている。

シアノバクテリアがクリオコナイト粒をつくりだすといったが、そこはまわりの雪や氷に比べると、微生物の餌となり得る有機物などがたくさんあるので、ほかの微生物にとってはまさに天国である。これが〝氷河上のオアシス〟と呼ばれる所以だ。クリオコナイトホールにはシアノバクテリアだけではなく、さまざまな微生物が暮らしている可能性が大いにある。滅菌したピンセットでクリオコナイト粒を一つずつチューブに採っていく。

氷河探訪を終え、大学に戻る。顕微鏡でクリオコナイト粒を覗いてみると、微生物がうじゃうじゃいる。あの粒の中にも微生物世界が広がっていることを思い知る。この日以降も、天候が良い日には、ロングイヤービエン氷河に登り、異なる場所、異なる大きさのクリオコナイト粒を広く集めた。日本に帰ってからの実験が今からなんとも楽しみだ。

ちなみに、クリオコナイト粒に関する研究は国内外で行われていて、面白いことがたくさんわかってきている。国立極地研究所の植竹淳博士（現、コロラド州立大学所属）らは、グリーンランドの氷河で採ったクリオコナイト粒で実験を行い、粒が大きくなるにつれて微生物の種類も変わっていくことを突き止めている。[10] この発見によると、大きな粒ではシアノバクテリアの一種フォルミデスミス・プリエストレイ（*Phormidesmis priestleyi*）が優占するそうだ。この種はスバールバル諸島でも見つかっているため、[11] もしかすると私が採ったクリオコナイト粒にもこの種が含まれているかもしれない。

また、他の報告では、イタリアの研究チームがクリオコナイト粒には酸素を発生しないタイプの光合成を行う「酸素非発生型の好気性光合成微生物」が優占することを見いだしている。[12] この光合成は、植物や藻類・シアノバクテリアが行う酸素を出す光合成（酸素発生型光合成）と異なる。酸素を出さない好気性光合成微生物は、光エネルギーを活用するだけでなく、酸素が豊富にある環境で有機物を利用して増えていく。また、先ほど触れた雪氷藻類と同じように、カロテノイドをつくりだすものがいる。この種の微生物の生き様を追い求めている、首都大学東京の高部由季博士に菌株コレクションを見せてもらった時、そのあざやかなピンク色のコロニーに目を奪われた（口絵9）。高部博士は、学生時代から十年以上にわたってこの微生物の生態を探求している。同博士に聞けば、光エネルギーと有機物の両方をうまく活用できる微生物たちは、自然界に意外なほどにたくさんいるそうだ。今後の研究がなんとも楽しみである。私も氷河で集めたサンプルからそのような光合成微生物を培養できるように、高部博士にいろいろと相談しているところだ。

国内外の微生物ハンターの努力によって、クリオコナイト粒に限らず、氷河に生きる微生物たちの姿がこれからも詳しく調べられていくだろう。なお、氷河上の微生物は小さいからといって無視はできない。なぜなら、氷河の表面で微生物が増えると、時に氷河を融かしてしまうからだ。たとえば、先ほど触れたクリオコナイト粒の黒っぽくなったところは、まわりに比べると太陽の光を吸収しやすい。クリオコナイトホールがたくさんできればできるほど、氷河全体を暗く色づけ（これを「暗色化」という）、氷河の融解をも加速させる、というわけだ。目に見えない微生物たちは、私たちの目に見えるほどの大きなインパクトをここでも発揮している。

変わりゆく地球環境の影響は、まずは北極と南極ではっきりと現れる。北極海に浮かぶ氷が融けてホッキョクグマやアザラシなど、そこに生きる生き物が姿を消す……といったニュースをみなさんもご覧になったことがあると思う。だがしかし、ホッキョクグマのような「目に見える」動物だけではなく、「目に見えない」微生物たちにも何らかの影響が出ているのは間違いない。今、北極のどこに、どんな微生物がいるのかを調べておけば、次の国際極年などでまた世界を挙げて極地を調べる時に、それが「過去と比較できる」貴重な資料となる。比較するデータがなければ、そもそも微生物たちの種類が変わったのか、変わっていないのかさえもまったくわからない、ということになってしまう。他の生物と同じように、目に見えない微生物たちの記録もしっかり残しておくことがきわめて重要なのだ。

コラム③ 世界種子貯蔵庫

北極圏のノルウェー領スピッツベルゲン島での調査中、ロングイヤービエン空港近くの山に何やら奇妙な建物があるのに気づいた。島に来るまで知らなかったが、それはスバールバル世界種子貯蔵庫（英語名を略してＳＧＳＶ）で、年中低温で安定している永久凍土の中に、世界各地の植物（特に穀物）の種子が保存されているそうだ。天災や戦争など、何らかの理由で穀物が全滅したとしても、この貯蔵庫があるから、未来の人々がこの種子を使って穀物を再び栽培できるというわけだ。そのため、植物版の「ノアの方舟」と称される。世界種子貯蔵庫のウェブサイトを見ると（ＵＲＬを参照）、二〇一八年八月現在で、約八九万の種子が貯蔵されている。アジア、アフリカ、ヨーロッパ、南アメリカなど、世界中から種子が送られてきているとのことだ。今後もますます増えていくだろう。日本では、岡山大学資源植物科学研究所の研究チームがオオムギ種子（五七五系統、各三〇〇粒）を本貯蔵庫にはじめて預けた。

ちなみに、永久凍土とは、少なくとも二年以上にわたって凍った土壌を指す。世界種子貯蔵庫では、凍土の中でさらに温度をマイナス一八℃まで下げて種子を冷凍保存している。万が一、庫内の冷却装置が壊れたとしても、凍土の中で低温を維持できるだろう。だが二〇一七年、昨今の気候変動の影響からか、永久凍土が融け、その融け水が貯蔵庫の入り口までしたたり落ち、緊急の対策に追われたそうだ。貯蔵庫の種子を使うことなどないように祈りたいが、未来の人類のために、北極圏に浮かぶ島にたたずむ貯蔵庫は永く守られていってほしい。

世界種子貯蔵庫のウェブサイト（アクセス日二〇一八年八月二十五日）
https://www.croptrust.org/our-work/svalbard-global-seed-vault/

第4章　南極

人が知識のために知識を追求することを心から評価するかぎり、今日では新しい知見を集められるところは南極大陸をおいて他にはないのである。

チェリー・ガラード著　加納一郎訳

『世界最悪の旅』中央公論新社

もう一つの地球の果て

北極圏に浮かぶスピッツベルゲン島で微生物ハンティングしながら、地球のもう一方の端っこにある南極に行きたいと私は思っていた。

というのも、大学院の博士論文研究で私が主に調べていたのは、南極産のコケ類にくっつく微生物たちだ。後で詳しく述べるが、南極大陸にはたくさんのコケが棲む〝隠れたオアシス〟がある。北極域や南極の観測を推進する国立極地研究所の研究グループと所属研究室の長沼先生が共同研究しているので、南極のあちこちで採られたコケ類など研究サンプルが身近にある。そんな研究室に身を置いていたので、ふつうならめったにお目にかかれない南極産のサンプルを使って、南極微生物の培養に挑戦することができた。しかしそれでも、「いつか南極微生物の棲む世界を、自分の目で見たい！」という気持ちは私の中に常にあった。なぜなら、これまでの調査を振り返っても、フィールドを見たことがないままで他の人が採ったサンプルを使って実験しているのは、南極産のものだけだったからだ。砂漠、温泉、そして北極では、微生物たちが生きる世界を見ながら、自分の手でサンプルを採った。南極でも同じようにそうしたいと思うのは当然であろう。

南極に行きたい理由はそれだけではない。

言うまでもなく北極と南極は、地球上で最も離れている場所だ。一方で、細かく比べると違うところはあるものの、両極の環境は低温（寒い）という点では似ている。そういった二つの辺境で見られる微生物の種類に違いはあるのだろうか？　目に見える動物を例に挙げれば、ホッキョクグマは北極周辺の地域にいるが、南極にはいない。ペンギンは南極にいるが、北極域にはいない。環境は似ているが、地理的に隔絶された両極に共通で見られる生物はほとんど知られていない。では、微生物世界ではどうか？

第2章で触れたとおり、微生物生態学には「すべての微生物種がすべての場所にいる」というバース・ベッキングが唱えた仮説がある。[1]　地球上で最も離れていながらも、環境が似ている南北両極域は、この仮説を検証するうえで貴重なフィールドといえよう。

さらに、北極から南極まで微生物をサンプリングすることで、また面白いことがわかりそうだ。なぜなら、北極と南極の間にあるのは〝距離〟だけではないからだ。そこには寒帯や亜寒帯・温帯・乾燥帯・熱帯と、変わりゆく気候帯にともなって環境ががらりと変わる。寒くてこごえるところがあれば、暑くてとけてしまいそうなところもある。生物たちが地球の北へ、あるいは南へ移動する時には、その大きな環境の変化になんとか耐えなければならない。私が考える真の極限環境とは「環境の劇的な変化」だ（第1章を参照）。そういった極限環境に耐えられる微生物は何者かを探し出すうえで、北極から南極まで地球上に広く分布する微生物を知ることが大事になってくる。その観点から、極域を含めて地球のさまざまなところにいる微生物を比べてみたい。どこにでもいるコスモポリタン種、極論すれば、地球を代表するともいえる微生物がいったいどれかを私は知りたい。

さて、南極への思いを抱きながらも、大学院を卒業するまでは、調査の機会がなかった。だが、このまま研究を続けていれば、いつか南極に行けるだろうと思っていた。大学院を出た後、私は静岡県三島市にある国立遺伝学研究所（以下、遺伝研）にてポスドクとして研究を続けることになった。ポスドクとはポストドクターの略で、大学院を修めて博士号、いわゆるドクターを取ったあとに就く任期制の研究員のこと。たいていは二～三年の任期があることが多く、任期の間に研究を進めながら次の就職先を探さなければならない。

遺伝研ではさまざまな生き物を研究対象にした先端研究が行われている。まわりを見渡しても、大腸菌や酵母・藻類の他に、イネやマウス、ショウジョウバエ、ゼブラフィッシュ、イトヨ、線虫など、対象となる生物はものすごく多様だ。さらに、ここには世界三大DNAデータバンクの一つ「DDBJ」があることに加えて、DNAを扱っていろいろな解析を行うためのノウハウが集まっている。目に見えない微生物を研究するうえで、環境中にあるDNAを調べるのは強力なツールの一つ。私は新しい技術を習得して、微生物の生き様により迫るために、ポスドク期間中に研究する場として遺伝研を選んだ。

また遺伝研は、国内三つの研究所とともに「情報・システム研究機構」という全国の大学が共同利用する研究所、大学共同利用機関法人を構成している。この三研究所のなかには〝あの〟極地研が含まれる。ここでは、それぞれの研究所が独立して研究を進めるだけではなく、研究所の間での共同研究が行われている。中には、まったく新しい研究の潮流を生みだすことを目指した研究もあり、その一つ「地球生命システム学」プロジェクトでは地球環境と微生物の〝かかわり合い〟を解くことに挑んでいる。遺伝研に移ってきた私は、そのプロジェクトに参加しながら、学生時代に引き続き極地に生きる微生物の研究を深めていくことになった。

南極の露岩域

極地微生物の多様性をとらえるべく、遺伝研でさらに研究を進めていくわけだが、そもそもみなさんは南極と聞いて何をイメージするだろうか。雪や氷におおわれた白い大陸を思い浮かべる人が多いだろう。もちろんそのイメージは正しい。事実として、南極大陸をおおう氷の厚さは平均二五〇〇メートルにもおよぶので、それを白い大陸と呼ぶのは何ら間違っていない。

しかし、そういった氷の世界のイメージとまったく異なるところが南極にはある。南極大陸の端っこにある「露岩域」といわれる岩盤地帯だ。露岩域は「ろがんいき」と読み、この言葉は読んで字のごとく「岩が露わになったところ」を意味し、そのあたりはなんと夏季には雪にも氷にも覆われていない。露岩域は、南極大陸の端っこだけなのでほんの一部ではある(南極大陸のわずか二〜三%

図 4-1　露岩域で見られる湖。南極の露岩域では、雪や氷の融け水がくぼ地に流れ込んで湖ができる。（写真提供：国立極地研究所　辻本惠博士）

ほど）。だがしかし、南極大陸が約一四〇〇万平方キロメートルととても大きな大陸であるため、ほんの一部といえども露岩域の広さは約三〇万〜四〇万平方キロメートルにもなる。ちなみに、この広さは日本の面積とほぼ同じだ。

さらに、露岩域と呼ばれる場所には岩や石がごろごろと転がっているだけではない。意外に思うかもしれないが、そこにはさまざまな大きさの〝湖〟がある（図4-1）。湖ができる理由にはいくつかあるのだが、たとえば一つ二つ例を挙げると、一つは雪や氷の融け水がくぼ地に流れ込んでできる湖。このような湖は淡水だ。二つ目は塩湖で、海水が取り込まれてできたもの。海水が取り込まれる？　と思うかもしれないが、一万年くらい前に氷河期が終わって、氷河が後退していくと、氷の重しがとれて地盤が浮く。もともと海だったところでは、海水が陸の上に取りのこされてしまうのだ。そうして塩湖ができあがる。日本の南極観測の拠点である昭和基地のまわりの露岩域には湖がたくさん存在するが、その成因によって水質はさまざまだ。

南極において〝固体〟ではなく〝液体〟の水がある湖は、生物にとっては一つの大事な生息環境といえる。だが、そこは南極だ。私たちの身近にあるような生物あふれる湖とは違って、生物なんてほとんどいないだろうと考えられて「いた」。液体の水があるといえども、湖のまわりで見られる岩と石の世界と同じように、何か生物がいるにしても貧弱な生態系があるだけだろう。そんな多くの人の予想をくつがえしたのが、極地研の伊村智博士（現、同研究所教授）による思いがけない発見だった。

コケの分類や生態を専門にする伊村博士は極地研に就職したあと、第三六次南極地域観測隊の隊員として南極大陸へ向かうことになる。極地研ではそれまで約三十年にわたって露岩域の陸上のコケが詳しく調べられていたため、同博士は陸上「以外」のところに目をつけた。それは露岩域のあちこちにある湖だ。当時、湖の底にコケがいることは知られていたものの、詳しい調査はまったくなされていなかった。そこで伊村博士は、他の観測隊員とともに湖の中を調べることを計画し、ボートを持ち込んでの調査にのぞんだ。

現場でボート上から箱メガネでとある淡水湖の底を覗いたその時だ。湖底に謎の構造物があるのに気づく。伊村博士はその時の様子を後にこう振り返る。

そこには周辺の大地とは異なる森のような世界が広がっていた

うめ作「きょくまん 第14話 コケボウズ発見！」国立極地研究所

驚くべきことに、湖の底では水生のコケがさまざまな生き物とともに、塔のような形をつくっていた（口絵10）。しかもそれがいくつもあり、大群落をつくっていて、なんとも異様な光景だ。南極の湖は、「極貧栄養」と呼ばれるほどに栄養が枯渇していることが多い。コケがいる湖もまさにそうだ。栄養に乏しい湖の中で、どうしてここまで大きな群落をつくることができるのだろうか。植物を育てる時には、肥料として窒素やリンなどの栄養を与える。南極では誰も肥料なんてあげていないにもかかわらず、コケが繁茂する。なんとも不思議である。伊村博士はこの奇妙な構造体を「コケ坊主」と名づけて論文にまとめた[2]。この名は、坊主頭のような形ではなく（最初私はそのように思い込んでいた）、湿地に見られる谷地《やち》坊主と呼ばれるスゲの群生に似ていることにちなんでつけられたものだ。

淡水湖の底に林立するコケ坊主は、水深三〜五メートルあたりでよく見つかるそうだ。その構造物は主にナシゴケ属（*Leptobryum*）のコケによってつくられる。不思議なことに、この種は昭和基地周辺の陸上からはどこからも報告がない。極地研の研究グループの報告によれば、ナシゴケ属のこのコケは南米のチリ産のものに遺伝的に近い。(3) つまりは、陸上のコケが胞子の形で南極まで飛んできて、偶然にも湖に棲み着くことに成功したのではないかと考えられている。またコケ坊主の成長速度は、一年に約〇・七ミリメートルと見積もられている。(4) 成長がきわめて遅いことから、最終氷河期以降、数千年という長い時間をかけてこの大群落ができてきたのだろう。長い時間がかかっているとはいえ、生物の力だけでここまで大きな群落ができるのには驚くばかりである。コケ坊主のような水生コケ類の大群落は世界中の他の湖からは報告されておらず、現時点では南極大陸の中でも昭和基地まわりの露岩域のみに見られるユニークなものだ。

ちなみに、日本の昭和基地は東南極に位置しているが、その周辺の露岩域には一〇〇以上の湖がある。コケ坊主の発見以降、南極の湖が広く調査され、二四カ所の湖でナシゴケ属のコケが見つかった。しかしながら、そのすべての湖でコケ坊主があるかというとそうではなく、どうしてか八カ所だけだった。(5) 他の湖でもこれからコケ坊主ができてくるのか、あるいは何らかの環境の違いでできないのか、大きな謎である。

コケ坊主に潜む微生物

地球の最果ての湖の底という〝隠れたオアシス〟で、コケは生き生きと暮らしていた。では、いったいそこにはどんな微生物がいるのだろうか？　この問いに答えることこそが、私の博士論文研究のテーマだった。

そもそも、コケ坊主の内部はコケが詰まっているのだが、表面とは明らかに様子が違う。外側は緑色で元気そうなコケがある一方で、内部には褐色の植物遺骸が見られる。[4] 面白いことに、大きなコケ坊主では内部が空っぽになるそうだ。これは主に微生物たちによってコケの分解が進んだのだろう。微生物の分解が大きく進んだ時は、そこから卵の腐ったような臭い（主に硫化化合物）を発することがある。水辺の泥が黒っぽいヘドロになったところで、きつい臭いを嗅いだことはないだろうか。これも微生物の繁殖によって有機物の分解が進んだ結果だ。実際に、コケ坊主の内部から卵の腐った臭いがすることが報告されている。[6] この状況証拠から考える限り、コケ坊主の内部では微生物たちによる有機物の分解が進み、そこは酸素が「少ない」あるいは「ない」可能性が高い。コケ坊主の外層でコケや藻類が光合成して酸素をつくりだすのとは正反対だ。このように、コケ坊主の内外では環境が大きく異なることが予想される。

そしてこの環境の違いは、さまざまな種の微生物が生息できる場を提供している可能性が考えられる。これまで詳しく述べてこなかったが、微生物のなかには酸素がないところでも生きられるものたちがいる。私たち人間は酸素を吸って、二酸化炭素を吐く。そして酸素がない場所では生きていくことができない。しかし、ある種の微生物にはそれができる。微生物たちは酸素のかわりに、硝酸や硫酸、さらになんと私たちが吐き出す二酸化炭素を使って〝呼吸〟することができる。私たちが酸素を吸う呼吸しかできないのに対して、微生物たちはいろいろな〝呼吸法〟を持っている。これはすごい能力だ。

コケ坊主の表面から内部にかけて、酸素はどんどん少なくなっていくと思われる。が、だからといって内部に微生物がいないわけではなく、酸素がなくても生きられる微生物がいるのではないか。そして表面とは違う種類のものがいるならば、それで微生物の多様性が増す。そのようなことをあれこれ考えながら、私はコケ坊主を詳しく調べた。

大学院での研究ではじめにやった実験はきわめて単純で、コケ坊主の標本を内外上下の一四部位に分けて、それら部位ごとの微生物の系統や多様性を探った。サンプルからDNAを抽出した後は、温泉中の微生物を調べた時と方法は同じだ（第2章を参照）。PCRで増やした16SリボソームRNA遺伝子の断片を用いていくつか実験をして、その塩基配列を一つ一つ解読していく。つまり、微生物一つ一つが何者であるかをデータベースと照らし合わせながら調べていく。

結果として、約二二〇〇個の配列を調べることができた（著者注：執筆現在の新しいDNA解読装置だと、一度に一〇〇〇万を超える数の配列が得られる）。面白いことに、あらかじめ分けた一四部位すべてに共通する微生物グループがいる一方で、表面と内部それぞれに棲み着くものが見つかった。[7] コケ坊主の表面には光合成するシアノバクテリアがいるのだが、これは内部にいない。反対に、表面には見つからないが、内部だけにいるのがクロストリジウム属（*Clostridium*）と呼ばれる微生物だった。この系統群は酸素があるところでは生きられない嫌気性の微生物である。予想していたとおり、コケ坊主の内外で異なる種類の微生物がいた。

またさらに、予想外の発見もあった。理由はよくわからないのだが、コケ坊主の表面の根元のところでは正体不明の微生物グループに由来する遺伝子配列がたくさん検出された。それらはＯＤ１やＯＰ11・ＴＭ７・ＷＳ３というさまざまなコードネームで呼ばれる未知なる系統群で、門レベルで新しいと考えられる微生物グループだ。微生物業界ではこれらを candidate division（推定上の分類群）と呼ぶ。すでに知られているどの種類の微生物にも分類できない微生物たちが、南極の湖にはびこっている。遺伝子の配列から大雑把に見積もると、少なくとも約三〇〇種の微生物がコケ坊主に潜んでいることがわかった。まるで微生物たちが〝王国〟を築いているかのごとく、さまざまな微生物がいるのだ。

ここで一度話を整理しよう。氷の大陸といわれる南極大陸では岩が露わになった露岩域がある。この露岩域には固体ではなく液体の水を持つ湖があちこちにある。湖の中は、まわりの生物の乏しい陸上の様子とはまるで違う。特に、昭和基地周辺の湖の底ではコケが生い茂っており、コケ坊主と呼ばれるユニークな構造をつくる。コケ坊主の内部は多種多様な微生物たちの住処となっていて、いわば一つの生物圏を築きあげている。

南極へ続く道

その日は突然やってきた。遺伝研でポスドクとなって二年目のことだった。

極地研との共同研究プロジェクトの打ち合わせで、二〇一四年に日本を出発して南極に向かう、第五六次南極地域観測隊（以下、南極観測隊）に同行できる可能性があるとわかった。南極に生きる極限生物を調べられるまたとないチャンスだ。日本の南極観測隊は、南極の夏である十二月下旬から二月中旬までを過ごす「夏隊」と、一年を通じて南極で過ごす「越冬隊」に分かれる。さらに、夏隊に同行できる「同行者」という立場もある。今回、同行者の枠で南極に行けるかもしれない、という話だった。

ここで手を挙げなければ、南極でフィールドワークを行えるチャンスはまた当分の間ないかもしれない。正直に言えば、今の自分は任期のある身分で次の就職先を探さなければならず、そんな時に長期の調査に出る余裕があるのかという悩みもあったが、将来のことはまぁなんとかなるだろう、と深く考えないようにした。何よりこの機会を逃すまいと、同行者として手を挙げた。その後は、意外にも話がとんとん拍子に進んでいき、南極観測隊への私の同行が決まった。もし湖沼調査が行われれば、学生時代からずっと調べているコケ坊主を自分の目で見ることができるかもしれない。それが何より楽しみだった。

後日になって、南極観測隊のメンバーが発表された。今回、生物チームとして南極に向かう観測隊員は、慶應義塾大学の鈴木忠博士と極地研の辻本惠博士の二名。両博士はクマムシと呼ばれる生き物を研究している。クマムシは緩歩《かんぽ》動物門というグループに属する動物だ。この小さな動物はとても有名な極限生物で、なんとマイナス二七三℃の低温や高温・真空など、さまざまな厳しい条件に耐えられる。驚異の最強生物たるクマムシの謎を知りたければ、鈴木博士が書いた『クマムシ?! 小さな怪物』をぜひ読んでほしい。この本を読めば、あなたもクマムシの大ファンになること間違いなしだ。ちなみに、辻本博士はこの本がきっかけでクマムシ研究をはじめたそうだ。

鈴木博士は私と同じではじめて南極に行くことになるが、辻本博士は今回で二度目。辻本博士は主に南極クマムシ（学名は *Acutuncus antarcticus*）を研究対象にしている。写真を見せてもらうと、南極クマムシの姿はなんともかわいい（図4-2）。この種のクマムシは、南極全域に広く分布している固有種で、昭和基地周辺でもよく見つかるそうだ(8)。辻本博士は、極地研で約三十年ものあいだ凍結保存されていたコケ試料から南極クマムシを取り出して目覚めさせ、さらにその繁殖にも成功

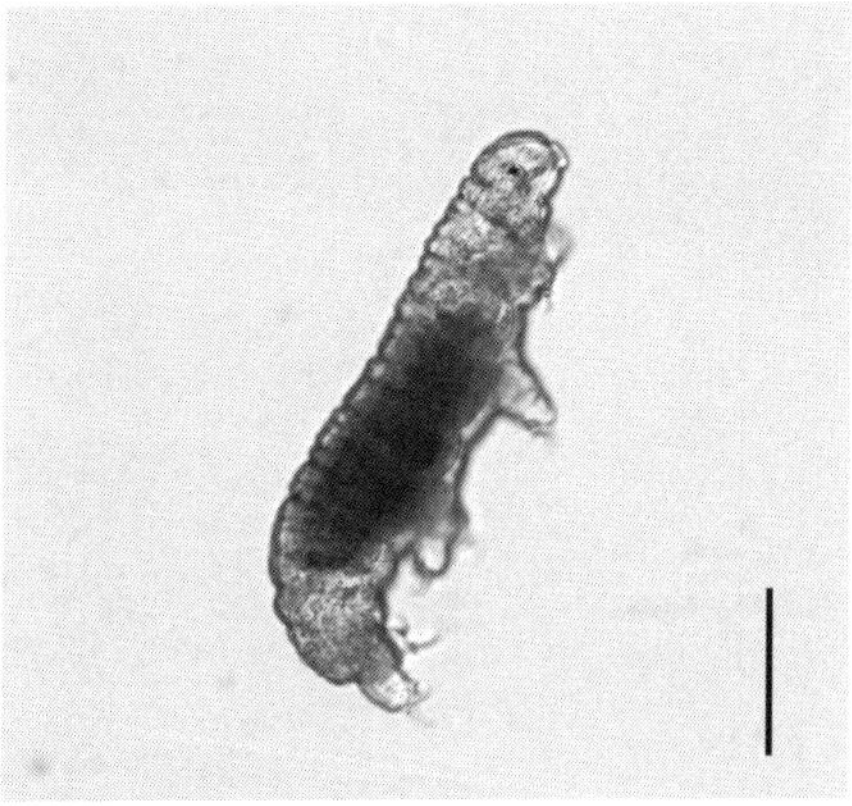

図 4-2　南極クマムシ。南極全域に分布する固有種で、学名は *Acutuncus antarcticus*。右下の黒い線の長さは 0.1 ミリメートル。（写真提供：国立極地研究所　辻本惠博士）

している。これは論文として発表され、[9] 従来の生存記録の九年を大幅に上回った。論文発表の後、クマムシ覚醒のニュースは日本中を駆けめぐった。映画『バック・トゥ・ザ・フューチャー PART2』さながらに、クマムシたちが三十年後の世界に飛ばされてきたことに多くの人が驚いたのではないだろうか。目覚めたクマムシには「SB」というコードネームが付けられていて、この名は眠り姫（Sleeping Beauty）にちなんだものだ。

こうして、今回の南極観測隊では、クマムシ愛にあふれた生物隊員一名に同行することになった。なお、生物隊員には観測隊にとって重要な「一般研究観測」や「モニタリング観測」といった任務がある。今回の観測で例を挙げれば、昭和基地のまわりで長年続いている微生物調査用のサンプルを採取したり、湖の中に設置してある観測機器を回収したりといったミッションだ。湖沼観測のターゲットには、コケ坊主がいる湖も含まれているので気持ちが高まる。鈴木博士と辻本博士が担うそれら重要な観測に私も同行するため、日本を発つ前には両博士と一緒に一通りの訓練を行うことになった。極限フィールドでの生活やボートの操縦など、学ぶべきことが山ほどあったが、極地研の先生方がそれらを一つ一つ丁寧に教えてくださった。

私にとって何より大変だったのは手漕ぎボートの扱いだ。南極はそもそも風がとても強い。そして、遮るものの何もない湖の上でボートの位置を保つのはきわめて難しいそうだ。そのため、某所でボート漕ぎの練習を行ったのだが、あいにく私だけなかなかボートを漕ぐのが上達せず（なぜか漕ぎ出すとすぐに手の皮が剝けてしまうのだ……力の入れ方が間違っているのだろう）、後日補習も受けた。補習してくださった極地研の工藤栄博士（現、同研究所教授）にはこの場を借りて感謝申し上げる。このように、南極大陸で安全に観測を行うため、同行が決まったあとはひたすら訓練や準備に追われる毎日となった。南極調査で使う衣類についても用意が大変なのだが、これまで北極調査の経験があったのでこれについてはなんとかなりそうだった。とにもかくにも、気がかりは、私のボート漕ぎがあまりに下手なため、湖沼観測の時にみなさんに迷惑をかけないかどうか、ただそれだけ……。

目指すは南極大陸

二〇一四年十一月末、私は船上にいた。

日本の南極観測隊は、海上自衛隊が運航する南極観測船（厳密には砕氷艦）「しらせ」に乗って南極を目指す。今、私はその「しらせ」の船上にいる。南極に向けてオーストラリア・パース近くのフリーマントル港を出発したところだ。

これから「しらせ」はひたすら南下していく。出港にいたるまで、南極観測に向けた打ち合わせや講習など準備を重ねてきた。はじめての南極調査で不安を覚えるが、多くの観測隊員もそれは同じだ。南極観測隊では、生物の研究者だけではなく、物資輸送や環境保全・医療・機械など、いろいろな分野のプロの人たちが日本から派遣される。中には観測隊経験者の人がいるが、南極に行くのがはじめての人ももちろんたくさんいる。

航海の間はゆっくりしていられるかというと、実はそうではない。南極観測隊の生物チームは、昭和基地に寝泊まりしながら活動するのではなく、ヘリコプターで移動して基地から遠く離れた露岩域の観測小屋を拠点にする。小屋で数日間、時には一、二週間過ごしては次の場所に移動して、周辺エリアで調査を行う。そのため、調査地をどのように回っていくか、それぞれの小屋でどの程度の食料が必要か、鈴木博士や辻本博士と打ち合わせをしながら用意を進める。特に、食料は「しらせ」から提供されたものを小分けにして準備しなければならないので大変だ。船の上でも南極での生活に向けたさまざまな講義があるのだが、その合間をぬって、生物チームで集まってひたすら準備を進める。

何かと忙しい毎日だが、船は着実に南下していく。

航海中は、艦橋からいろいろな放送がある。ある日は、「オーロラが出た」と夜遅くに放送が。皆が一斉にドタバタと動き出し、眠そうな眼をこすりながら、カメラを抱えて外に出る。私はこれまで北極域で調査してきたが、まだ一度もオーロラを見たことがなかった。ようやく見ることができたそのオーロラはなんとも美しかった。オーロラを見ると、いよいよ南極に近づいてきたという感じがする。ちなみに、この時期の南極は白夜で太陽が沈まない。今はまだ夜があるが、南極に近づくにつれて夜がどんどん短くなる。

フリーマントル港を出て約二十日間が経ち、「しらせ」は定着氷域というところに入る。定着氷とは、海岸にくっついた海氷のこと。昭和基地は目前ではあるのだが、この氷が私たちの行く手をはばむ。こうなると、「しらせ」は一旦後ろにさがって、勢いをつけて海氷にぶつかり氷をくだく「ラミング」という突進を行う。いったい何度ラミングすれば到着するのかと思うほどにそれを繰り返す。船内は時に大きく揺れる。私は船酔いに弱いので、日本を発つ前に酔い止め薬を五〇〇〇円分ほど買い込んでいたのだが、ラミングでどれだけ船が揺れようとも、まったく酔わない。揺れる船

図 4-3 「しらせ」から見たペンギンたち。アデリーペンギンが動かずにこちらをじっと見ている。

内で本を読んだり、書き物をしたりしていても酔う気配がない。結局のところ、「しらせ」船内で酔い止め薬を飲むことがなかった。いつもあれだけ乗り物酔いをするのに不思議だ。南極への期待や不安で頭の中がいっぱいだったからなのか、身体が少しおかしくなっていたのかもしれない。

定着氷域では、待ちに待った〝あの〟生物が現れる。

そう、ペンギンたちだ。真っ白な氷の世界で何やら黒い物体がちょこちょこ動くので、すぐに見つかる（図4-3）。ペンギンたちが氷の上を滑っている様子を眺めていると、忙しい中でも気持ちが落ち着いた。

いったい何度ラミングを続けたのだろうか。一〇〇〇回そして二〇〇〇回と、ラミングを続けていくのち、ついに昭和基地周辺あたりまで近づいてきた（結果として、接岸を果たした時のラミングの回数は三一八七回で、過去最多を記録）。昭和基地沖への接岸が迫ると、いよいよ船内は慌ただしくなってくる。というのも、南極の短い夏の間にできるだけ多くの作業や観測を行うため、観測隊員の多くは、接岸を待たずして、「しらせ」からヘリで昭和基地に入る。私も装備や観測機材を確認しながら、ヘリで飛び立つ順番を今か今かと待つ。

そしてついにその日がやってくる。最初の調査地は「ラングホブデ」というところ。いよいよ南極での微生物ハンティングのはじまりだ！

ラングホブデにて調査開始

二〇一四年十二月末、私は南極大陸に立った。それまで「しらせ」の船内で、人の声やラミングで氷を砕く音、エンジンの音など、さまざまな音が聞こえていたが、それとはまったく正反対の音のない世界。そして、雪にも氷にも覆われていない剝き出しの岩盤の上を歩く感触を味わっていた（口絵11）。

今、私がいる「ラングホブデ」の説明を少しだけすると、ラングホブデとはノルウェー語で「長い頭」を意味するそうだ。ここには「南極特別保護地区」に指定されている雪鳥沢という区域がある。この雪鳥沢は南極にありながら生物相が豊かであるため、「環境保護に関する南極条約議定書」によって特に保護すべき場所として定められている。そのため、環境大臣の行為者証を持っていなければ、この区域へ立ち入ることができない。ちなみに、コケ坊主がいるのはラングホブデではなく、別のスカルブスネス（ノルウェー語で「鵜の岬」の意味）というところにある湖だ。

ラングホブデにある観測小屋では、発電機をまわして電気を使うことができる。小屋の中には冷蔵庫があるため、食料はもちろん、フィールドで集めたサンプルをすぐに保存できる。まずはこの小屋を拠点にしながら、生物隊員がモニタリングなどの任務をこなす計画だ。私も同行しながら、微生物を培養するためにサンプルを採る。確かに少し歩くと、コケが大きく発達した群落が見えてくる（口絵12）。他の場所に目を向ければ、岩には地衣類（菌類と藻類の共生体）がびっしりとはりついている（口絵13）。

さらに先へと進むと、今度は何やら音が聞こえてくる。岩の陰から鳥がこちらを見ているではないか。「ユキドリだ！」と私は心の中で叫んだ（図4-4）。ユキドリはミズナギドリ目ミズナギドリ科に分類される鳥で、全身が真っ白なのが特徴だ。青空に舞うユキドリの姿はあまりにも美しい。この鳥は「雪鳥沢」の名前の由来となっている。ユキドリは南極の陸の上に巣をつくる。これが重要なのだが、ユキドリの排せつ物が巣の近くにいる、目に見えない微生物たちに栄養分をもたらす。

図 4-4　岩の陰からこちらをじっと見つめるユキドリ。ミズナギドリ目ミズナギドリ科に分類される鳥（和名はシロフルマカモメ）。

その結果として、色鮮やかな地衣類の群落がしばしば発達する。これを「好鳥糞性地衣類群落」といい、その群落は遠くからでもすぐにわかるので、営巣地の目印とされている。

ラングホブデでは、コケや地衣類、そしてユキドリなど、いろいろな生物たちに出会うことができる。きれいな緑色のコケを眺めていると、南極の陸の上であるのを忘れてしまいそうになるくらいだ。ここが南極特別保護地区に指定されている理由がよくわかる。

また別の日には、観測小屋から歩いて行ける距離にある湖に行くことになった。私にとってはじめて見る露岩域の湖。早速、一つ目の湖が見えてきた。鈴木博士と辻本博士はそれぞれ陸上のコケを探してはその一部をサンプリングしている。私は湖岸をゆっくり観

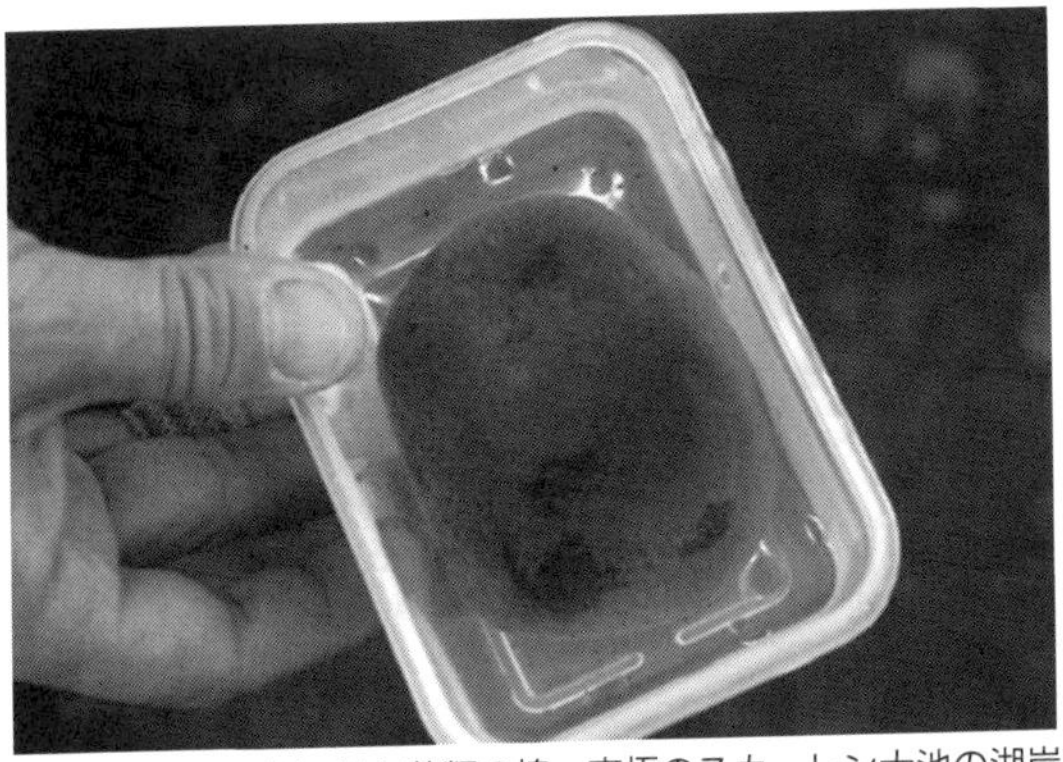

図 4-5　コロッケに似た藻類の塊。南極のスカーレン大池の湖岸では、ユニークな形をした藻類の塊が見られる。（写真提供：国立極地研究所　工藤栄教授）

察しながら歩く。すると、湖の端っこに何やら奇妙な物体がぷかぷかと浮いているのを見つけた（口絵14）。「マットだ！」と私は叫んだ。

このぶよぶよとした物体は藻類が寄り集まってできた塊で、南極ではごく普通に見られる。湖の底では、このような塊が一面に広がっていることが知られる。微生物業界の研究者はこれを「藻類マット」や「微生物マット」と呼ぶ。今、私が目にしているものは、たぶん湖底から剝がれて浮いて、湖岸に打ち上げられてきたのだろう。この藻類マットの切れ端を見ても、湖の中がいろいろな微生物であふれているのが容易に想像できる。ちなみに、場所によっては、「南極コロッケ」と呼ばれる面白い形をした塊も見られる（図4-5）。表面はつるつるとしているそうだ（著者注：私たちが調査した時は、ブリザードの影響からか、残念ながら崩れたコロッケしか見つけられなかった）。こういった藻類塊の表層は、緑色ではなく、オレンジ色になっていることが多い（口絵14）。なぜか？ 極地研の田邊優貴子博士らの研究によると、藻類たちがこんな色になるのは、南極に降りそそぐ強い光や紫外線からその身を守るために、ある種の色素を生産することに理由があるそうだ。(10, 11) こういった藻類塊の中もまた微生物たちの生息場所となる。今後詳しい調査が必要だ。

毎日のように調査に繰り出していると、今日がいったい何日なのか、すぐに思い出せないようになってくる。そうこうしているうちに、二〇一四年の年越しはラングホブデの小屋で迎えることになった。年が明けたら、別の調査地に移動する予定だ。次は、はじめてコケ坊主が見つかったスカルブスネス露岩地域へ行く。

憧れの地、スカルブスネス

スカルブスネス……コケ坊主が見つかった湖があるエリアを示すこの言葉を、私は学生時代から何度も口に出してきた。もちろんそれは、博士論文研究でコケ坊主内部の微生物を調べていたからだ。しかし当時は、現場に行ったことがなかったので、何か呪文を唱えているような感覚があった。

年が明けて二〇一五年になり、南極観測隊の生物チームはスカルブスネスに移った。ついにあのスカルブスネスに自分の足で立ったのだ！ だが、しみじみ喜んでいる時間があるわけでもなく、

図 4-6　アデリーペンギン。調査中、１匹のペンギンが生物チームに近づいてきた。

微生物調査のために採るべきサンプルがまだまだたくさん残っているので、頭の中はすぐにそのことでいっぱいになった。

ラングホブデと同じように、スカルブスネスにも観測小屋がある。こちらの小屋は新しく、スペースも広い。発電機をまわせば電気もとれる。鈴木博士と辻本博士は日本から持ち込んだ顕微鏡を設置している。私も次の調査に備えて、いろいろな機材の動作確認を行う。スカルブスネスには湖沼が多く、ここでの調査は湖での観測が中心となる。湖の調査では、微生物を培養するためのサンプル（湖の水や湖底の堆積物など）を採る。また同時に、湖水の温度やpH・塩分など水質を測定することで、微生物たちが暮らす環境についてデータを集めようと思っている。今回、コケ坊主がいる湖だけではなく、その他の湖にも行くので、水質に関するデータを広範囲で集めていく予定だ。

まずはじめは観測小屋に近い湖から調査に取りかかる。湖に向かって歩いていると、どこから迷いこんだかペンギンがよろよろと歩いてくるではないか（図4-6）。アデリーペンギンだ！　スカルブスネスにはペンギンの営巣地があるので、ペンギンがたくさんいる。「しらせ」の船上からは遠く眺めるだけだったが、ここでは間近でペンギンを見ることができる（が、南極条約で五メートル以内に近づいてはいけないことになっている）。

ペンギンを近くで見て喜んでいたのもつかの間、近くの湖に着いて愕然とする。湖がまだ氷に覆われていて調査ができる状態にない。氷に覆われていると、ボートによる観測はもちろん、何もできない。ということは、この先にあるコケ坊主がいる湖もまた氷が張っているに違いない。「ここまで来てコケ坊主を見ることができないのか……」と残念で、言葉が出ない。自然に左右されるフィールド調査の難しいところだ。

問題は他にもあった。観測隊の気象チームから天候が急に悪くなっているという知らせが入った。ブリザードが近づいているとのことで、そうなればそもそも外にさえ出られない。この後、実際にブリザードが来て、数日間にわたって小屋の外に一歩も出ることができなかった。この時ばかりは、生物チームにも暗い雰囲気がただよう。

しかし、ブリザードの後、あらためて湖を見に行ったところ、そこには予想外の光景が広がって

図 4-7　南極・スカルブスネスにある仏池。コケ坊主（塔のようなコケの構造物）が初めて見つかった湖。

いた。なんと氷がないではないか！　強風で湖の氷が流され砕かれ、融けやすくなったと思われる。そして氷が融ける過程で湖水もかく乱されたのだろう。この〝恵み〟のブリザードにより、湖沼調査への道が開けた。こうして生物チームは、湖での観測を行うことを決めた。

二〇一五年一月二十四日。生物チームはいよいよコケ坊主がいる湖に向かう。

ボートなど観測機材を皆で手分けして運び、地図を頼りに湖を目指す。道なき道をひたすら歩く。観測小屋を出て一時間少し経ったところで、ついにコケ坊主がいる湖が目の前に見えてきた（図4-7）。その名は仏池。約二十年前、伊村博士がコケ坊主を発見した湖だ。早速ボートを組み立てて、湖の調査をはじめる。箱メガネで湖の底を覗くと、確かにコケ坊主がいる（図

図 4-8　ボート上から撮影したコケ坊主。湖底にはコケ坊主が並んでいる。

4-8)。これまで何度も写真で見てきたコケ坊主。でも、今見ているのは実物だ。

ボートの上から、いろいろな道具を駆使して、浅いところにあるコケ坊主を研究用に採る。誤解のないように記しておくが、これはもちろん許可を得たうえで、研究のために必要最低限のサンプルを採取していく。野外観測支援（いわゆるフィールド・アシスタント）の高橋学察隊員と、私と同じく同行者として参加している環境省の平野淳氏の協力もあって、迅速に湖沼観測を行うことができた。

早速、採ったばかりのコケ坊主を見てみると、その表面は藻類やシアノバクテリアでべったりと覆われている。表面と内部とに分けて解体して内部をよく観察すると、論文で報告されていたとおり、卵の腐った臭いがぷんぷんする。この中には嫌気性の微生物がいるのだろう。と思いつつも、解体直後に酸素に触れてそれらが死んでしまう可能性がある。作業を急がなければならない。すぐに密閉式のチューブに保存していく。現場ではなかなかゆっくりとした時間はとれない。コケ坊主を解体してチューブに入れるまでがやっと、というところで時間切れ。詳しい調査はまた日本に戻ってからだ。あまり遅くならないうちに、観測小屋に戻らなければならない。ここまで来た時と同じように、またボートを担いで来た道を一時間以上かけて戻る。

この後、他の湖も調査することができたので（調査風景は口絵15）、スカルブスネスでこなすべき生物チームの任務は無事完了した。当初心配していたボートの操縦もなんとかやり遂げた。今回、私たちは他の湖でもコケ坊主を採ることができた。湖が違うと、コケ坊主に潜む微生物の種類は変わるのか、それとも変わらないのかを調べようと思っている。

未調査の地、インホブデ

第五六次の南極観測隊では、これまで生物調査が行われていない露岩域にも行くことになっていた。それがインホブデと呼ばれるエリア。いったいどんな生物がいるのか、情報がまったくない。

インホブデは、昭和基地から南西に約一二〇キロメートルも離れており、今回の生物調査では基

図 4-9　南極・インホブデの露岩域。露岩域は真っ白な氷河に囲まれている。

地から最も遠いエリアで、もちろん移動はヘリコプターだ。スカルブスネスからのフライトは約四一分。まだかまだかと思っていると、目前にインホブデの露岩域（図4-9）が近づいてくる。着陸する前に、ヘリコプターの窓から下を眺めると、湖がある。だが、残念ながら、湖面の大部分が氷で覆われていた。湖以外の場所を中心に調査することになりそうだ。

あらかじめ地図を見ながら、このあたりを歩いてみようと話はしていたものの、そこははじめていく場所ばかり。そもそも危険な場所があるかもしれない。そこで、野外観測の支援として強力な助っ人が調査に同行してくれることになった。普段は山岳救助や山岳ガイドをしている水谷剛生隊員と阿部夕香隊員のお二人ということで、とても心強い。

ラングホブデやスカルブスネスでは、この場所に地衣類がたくさんいる、あの場所にコケ坊主がいるなど、日本を発つ前に極地研の先生方にお聞きして詳しく教わっていた。しかし、ここではそれがない。誰も見たことのないような生物が見つかるかもしれず、すごくワクワクする。少し歩き回るだけで、インホブデにも地衣類がいることがわかる。でも、これらは他のエリアにいるものとは違う種類かもしれない。皆が思い思いの場所を見つけてはサンプルを採っていく（口絵16）。

はじめての生物調査ということで私も気合いが入っていたが、そんな気持ちとは裏腹に、天候が急速に悪化しつつあった。パイロットの判断により、残念ながらインホブデでの調査は数時間ほどで引き返すことになった。なんとも悔しいが、安全を考えれば当然だろう。幸いにも、微生物を培養するための大量の水のサンプルを、水谷隊員が運んでくれた。後になって、この水から珍しい微生物が見つかるのだが、それはまだ論文にしていないので、今後の発表を待っていてほしい。

念願だったインホブデでの調査を終えた生物チームは、無事に観測小屋に戻った。その後もいろいろ忙しい毎日を過ごし、最後は昭和基地に移動する。基地周辺で長年継続されているモニタリング調査を行うためだ。二月に入り、外が急に寒くなってくる。南極に来たばかりの時は、歩くとすぐに汗をかいていたが、それが嘘のようだ。そしてこの時期になると、南極を去る日、つまり「しらせ」に戻る日が近づいてくる。南極にいた約一ヶ月半は本当にあっという間だった。あともう数日、南極にいることをしっかり感じようと思う。
今回、生物チームは無事に観測を遂行することができたが、これはひとえに第五六次南極地域観測隊の野木義史隊長と三浦英樹副隊長をはじめとする隊員みなさんの支援のお蔭であることをここに記しておきたい。露岩地帯での調査では、生物チームの三人だけでできることは限られる。先ほども触れたように、特にボートを使う湖の調査では、たくさんの調査用具を持っていく必要があった。そんな時には、南極観測隊の多くの隊員、そして他の同行者のみなさんが入れ替わりで生物チームに加わり、調査を助けてくださった（紙面の都合で個人名をすべて挙げることができないが、本当に感謝しております）。日本を出る前に読んだ、第四次南極地域観測隊の隊員が綴った言葉を思い出す。

南極の自然は美しい、それにもまして南極で生活をともにした仲間たちの友情を忘れることはできない。

木崎甲子郎著『南極大陸の歴史を探る』岩波書店

南極を去る前に、観測小屋にある日誌に私は次のように書き留めた（原文のままで掲載）。

南極コケ坊主の研究からはじまった自身の研究者としての道のり。自分の目でついに〝自然〟のコケ坊主を見ることができました。陸上生物チームの皆様（鈴木さんと辻本さん）と支援の皆様に感謝です。本当に有難うございました。野外調査では自分の力足らずな事も多く、悔しさも残りました。今後の糧にします。

五六・生物・中井 亮佑*

*五六・生物は「第五六次南極地域観測隊　生物チーム」の意味。

基地周辺でのモニタリングを終えて、生物チームは「しらせ」の船上に戻った。

これまでの観測小屋やテントでの生活に比べると、船内は豪華なホテルのように感じる。帰りの船は、行きに比べると時間に余裕があるものの、フィールドで採った標本を整理したり、写真のデータを確認したり、調査の報告書を執筆したり、皆それぞれの作業に忙しい。これらの作業とともに、私は毎日記録していたノートを見返しながら、そこで気づいたことを思い出しては書き出していた。また、帰国後にどのようにしてコケ坊主を使って研究を進めていくか、その戦略もしっかり練らなければならない。

南極湖底の王国をめぐって

はじめての南極フィールドでの調査が終わり、帰国した。今まさに南極サンプルを使っていろいろな実験を行っているところだ。

さて、本章の最後に、コケ坊主研究の最新情報を三つお伝えしたい。

まず一つ目は新奇なシアノバクテリア。DNA解析の結果によると、コケ坊主の表面にはよく知られたシアノバクテリアの系統群が検出されたのだが、それ以外にグロエオバクター属(*Gloeobacter*)と呼ばれる原始的な系統に近いものもいた。だが、遺伝子の塩基配列の一致率は低いので、グロエオバクター属とは別属の新種ではないかと思われる。近年、海外の研究グループによって、コケ坊主から見つかったその新しい系統がなんとカナダ北部の北極圏でも発見された[12,13]。地球の両極に、系統学的に重要な位置を占めるシアノバクテリアがいる。光合成するシアノバクテリアは地球上に酸素をもたらした微生物としてとても重要であり、その進化の道筋を解くことは地球環境を理解することにもつながるといえる。この新奇な系統は極地に限って棲み着いているのか、あるいは、地球上に広く分布しているのか、これからしっかり調べていかなければならない。

二つ目はラビリンチュラ類。コケ坊主には多種多様な微生物がいると冒頭に述べたが、そこには本書で取り上げている細菌だけではなく、菌類や藻類・微小動物(クマムシを含む)などさまざま

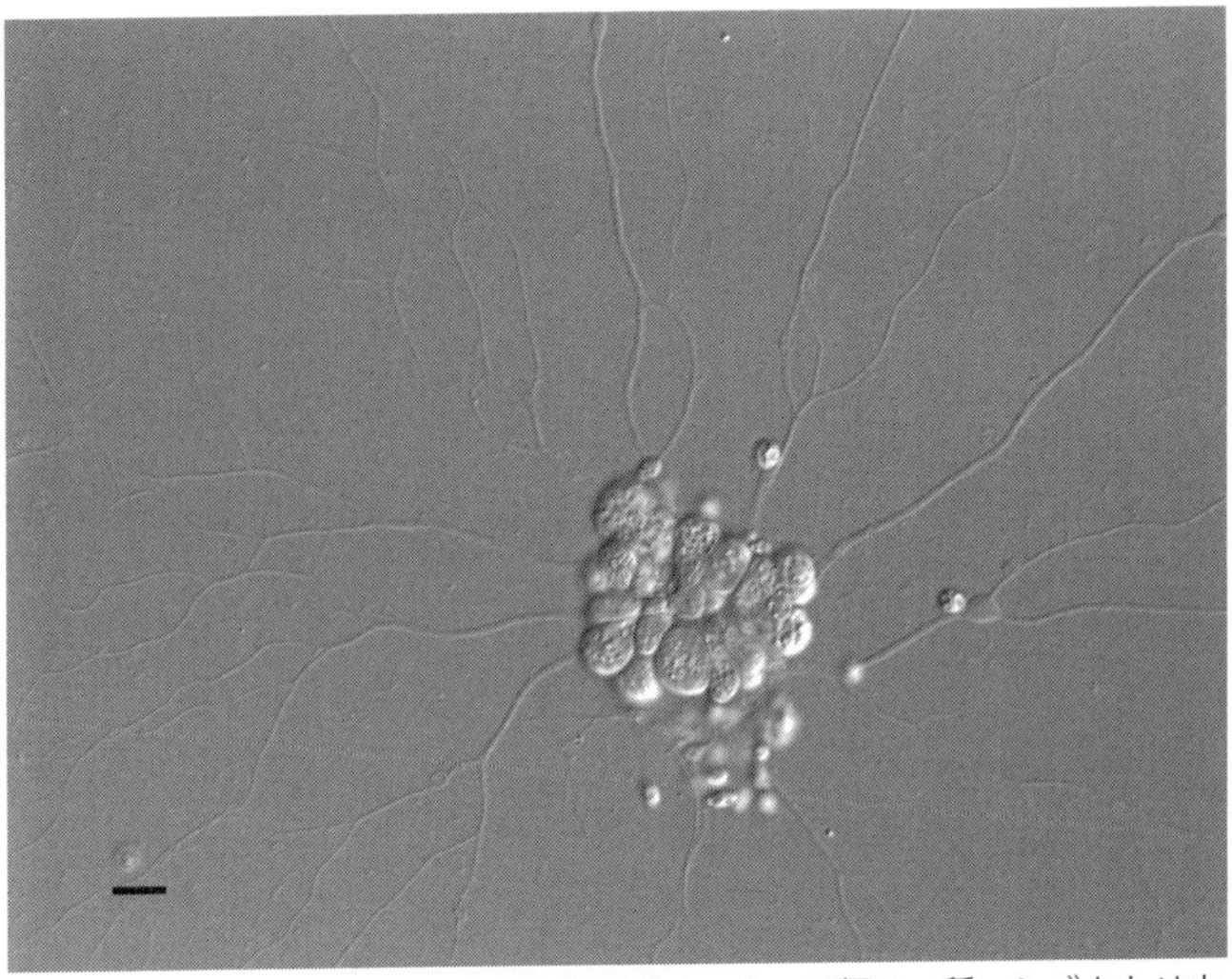

図4-10 外質ネットをはりめぐらすラビリンチュラ類の一種、シゾキトリウム・アグレガツム（*Schizochytrium aggregatum*）。左下の黒い線の長さは10マイクロメートル（0.01ミリメートル）。（写真提供：甲南大学　浜本洋子氏）

な生き物がいることもわかってきた。[14] 中には、普通こんなところにいるはずがない生き物も発見されている。その一つがラビリンチュラ類という生き物だ。

ラビリンス、すなわち「迷宮」にちなんだ名前を持つこの生物も目に見えない微生物ではあるが、細菌など原核生物（核膜を持たない生物）とは異なる、真核生物（核膜を持つ生物）に属する。この分類群は細胞のまわりに「外質ネット」と呼ばれる網目状のネットをつくりだす（図4-10）。ラビリンチュラ類の仲間にはDHAやDPAなどの高度不飽和脂肪酸を細胞内に溜め込むものが多いことと、ふつうの細菌ではどうにも分解できないタイプの有機物を分解できることから、産業界や生態学業界からも注目されている。これまで、ラビリンチュラ類は海で発見されることが多く[15]、淡水種で知られているものは数少ない。そのため、南極大陸にある〝淡水〟湖のコケ坊主表面からラビリンチュラ類由来の遺伝子が見つかった時は驚いた。淡水に生きる南極種の生態は謎に包まれている。今、私たちはその実態をとらえるべく、研究をはじめたばかりだ。

三つ目は、コケ坊主に潜む微生物たちが〝王国〟のように豊かな生態系を築ける理由についてだ。

コケ坊主から直接DNAを取り出し、炭素源の獲得に関わる二酸化炭素固定酵素ルビスコ（RuBisCO）の遺伝子を調べてみた。このルビスコは地球上に最もたくさん存在する酵素として有名で、光合成の鍵酵素だ。コケ坊主の表面では、コケやシアノバクテリア由来のルビスコ遺伝子が検出された。それらの生物は光合成を行うので、その鍵酵素たるルビスコが検出されても何ら不思議ではない。一方で、コケ坊主の内部からは、コケでもない、シアノバクテリアでもない、まったく異なる生物由来のルビスコ遺伝子が数種類見つかった。これらルビスコ遺伝子の持ち主はいったい何者であろうか？

このルビスコ遺伝子をデータベースで照らし合わせたところ、それはなんと真っ暗な深海に暮らす二枚貝に共生する微生物に最も近縁だった[16]。最初はその結果に目を疑ったが、何度やってもその結果は同じである。光の届かない深海に生息する貝類などは、その体内に微生物を宿す。それら微生物が光エネルギーではなく、無機物を酸化・燃焼する時に生じる化学エネルギーを使って、二酸化炭素を原料として自分の体と栄養をつくる。専門的にはこれを「化学合成」と呼ぶ。実は、この化学合成による二酸化炭素固定においてもルビスコが使われる。深海の貝類はこういった化学合成によってできる〝ご飯〟（有機物）に頼って生きていると考えられている。[17] 深海と南極とは環境は大きく異なるが、どうやらよく似た化学合成微生物がいるようだ。

化学合成できる微生物がコケ坊主内部から見つかったのは実に面白い。光合成と化学合成という二つの炭素供給システムが、コケ坊主に潜む微生物たちの〝王国〟の繁栄の謎を解く鍵の一つになると私は思っている。

ちなみに、南極では太陽が昇らない「極夜」（白夜の逆）という時期がある。こういった時期こそ、目に見えない微生物たちによる化学合成が重要な役割を担っているのではないか。その意味で、極夜の頃に微生物がどのような活動をしているのか興味がある。真っ暗闇の時期の調査は危険がともなうためになかなか難しいのだが、海外の南極観測では極夜プロジェクトと銘打ってその時期の微生物の生き様を追う試みもなされているそうだ。私もいつの日かそのような調査をしてみたいと企んでいる。

ここまで見てきたように、コケ坊主の中にはさまざまな辺境微生物たちがいる。さらに、微生物が多様な能力を持ち寄っていると考えられ、その相乗効果で豊かな〝王国〟が築きあげられてきた可能性がある。もちろんこれは仮説の域を出ないが、今、微生物が持つルビスコ以外の能力についても丹念に調べあげているところだ。今後もこの仮説を検証していきたい。

コラム④ 極地での服装

北極や南極のような極地で調査する時は、服装をしっかり準備しておくことが大事だ。雪や風から身を守る上着、動きやすい中間着、そして汗冷えしないように汗がすぐに乾く下着を着ることが基本である。ズボンも同様だ。頭がすっぽり入るフードがあり、ジッパーを上げれば口元まで覆うことができるパーカーを、私は中間着で愛用している（写真参照）。また休憩中は、体温がぐっと下がってしまうので、予備の服も必ず持っていく。面倒ではあるが、天候にあわせてすぐに服を着たり、脱いだりしながら、体温をよい状態に保つことを心がけている。

また写真を見るとわかるように、強い光、特に紫外線から目を守るため、野外ではサングラスをつけて作業する。サングラスなしで動き回っていると、たちまち目を痛めてしまう。私は近視なので、度付きのサングラスをよく使う。野外で長い時間を過ごす時は、日焼け止

めクリームをたっぷり塗ってから出かける。極地では寒さと強い日差しへの対策をしたうえで、調査に臨まなければならない。一方で、現場に生きる辺境微生物たちは、もちろんサングラスなどつけずに、紫外線に耐えているわけだが、その謎については本文で説明したとおり。とにもかくにも、極地調査の前は、微生物を含む環境サンプル（土や水など）を採る道具だけではなく、服装なども念入りに準備する。常に「段取り八分」の精神を忘れないようにしている。

第5章 極小

奇想天外生物がわたしたちの目に留まらない理由として、もう一つ考えられることがある——ものすごく小さいのかもしれない。

デイヴィッド・トゥーミー著　越智典子訳
『ありえない生きもの』白揚社

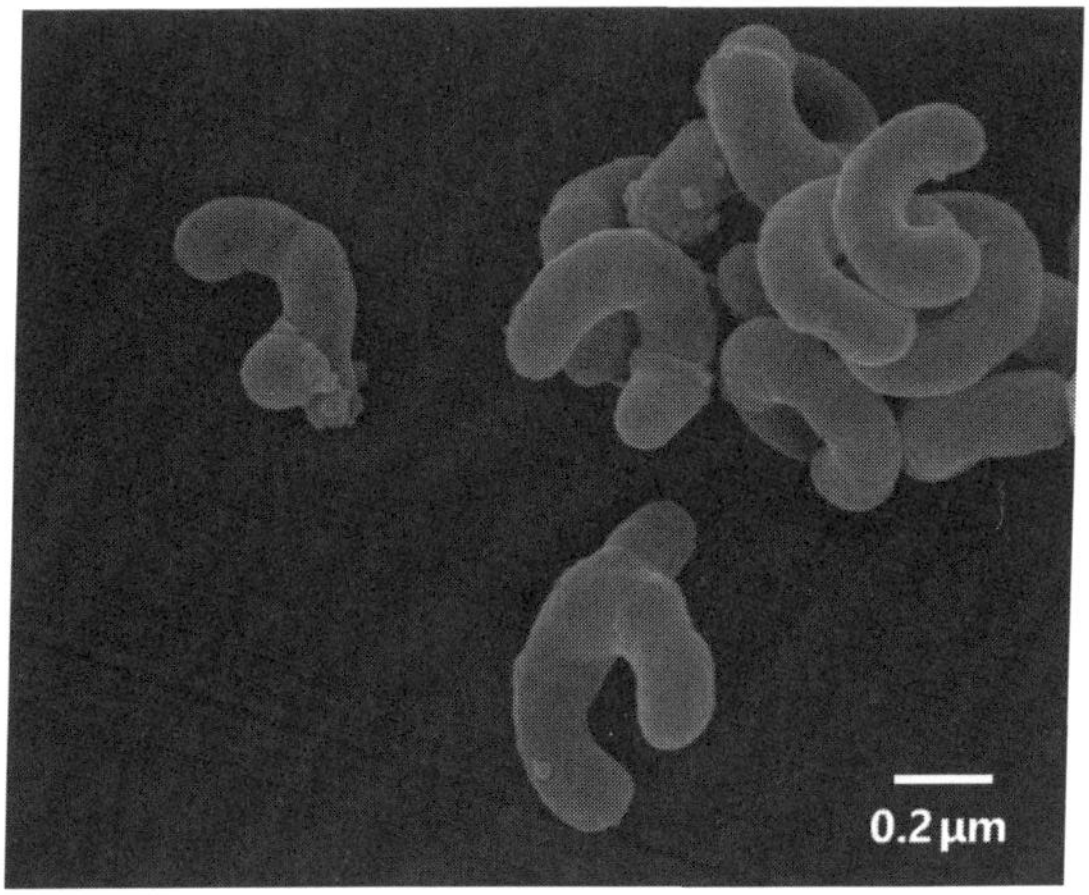

さらに小さな世界

ここまで見てきたように、微生物たちは地球上のあちこちに暮らしている。微生物は〝すごい〟能力をそなえているので、砂漠や温泉・北極・南極など辺境でさえはびこることができる。

この本ではもう何度も「微生物」という言葉を使ってきた。「はじめに」で述べたとおり、微生物という呼び名は、ある決まった生き物を指す言葉ではなく、目に見えないくらい小さな生き物をまとめて呼ぶ総称である。微生物のサイズにははっきりとした決まりがないため、その表現はあいまいなところがある。

では、そもそも微生物はいったいどこまで小さくなれるのか？

これは、私が微生物のような極小サイズの生き物をあれこれと研究していく中で、最も大切にしている問いの一つである。

生き物のからだのサイズは大小さまざまだ。先ほどの第4章で、南極での調査中にアデリーペンギンに何度か出会ったことに触れた。このペンギンの身長は七〇センチメートルほどである。幸いなことに、南極から船で帰る途中、オーストラリアに立ち寄った時に、ある水族館で最小のペンギンとして有名なフェアリーペンギンを見ることができた。みなさんはこのペンギンを見たことがあるだろうか。これがペンギンなのか、と思うくらいに、アデリーペンギンの半分ほどのその小ささに驚いた。調べてみると、現生で最も大きなコウテイペンギンはアデリーペンギンの二倍の大きさにもなる（残念ながら、私は南極調査中にコウテイペンギンを近くで見ることができなかった）。ペンギンと同じように、微生物の中でも実はサイズの違いがある。小さいものから大きいものまでさまざまだ。ここからは、微生物の中でもさらに小さな極小サイズの微生物についてお話しする。極小微生物は今最も力を入れるべき研究対象の一つと言っても過言ではない。なぜなら、ものすごく小さな微生物は奇想天外なやつらばかりなのだ。

微生物の定義はあいまいだ、と言いながらも、ある一定の基準のようなものがある。たとえば、直径約〇・二マイクロメートル（〇・〇〇〇二ミリメートル）のとても小さな穴のあいたフィルターが〝微生物を除くこと〟、すなわち〝除菌〟を行う時によく用いられる。これは、微生物がどれほど小さくなったとしても、その最小サイズは〇・二～〇・三マイクロメートルになるという考えが背景にある[1]。すなわち、生物が生きていくために欠かせない最低限のもの、具体的にはタンパク質やＤＮＡなどを十分な量で細胞の中に含んだ場合に、必ずある程度の大きさが必要になるというわけだ。また、そのフィルターの使い道は除菌だけではない。環境に暮らす微生物の種類を調べるために、それらを捕まえて捉えておく時にもこのフィルターを使うのが常套手段である。

しかし最近になって、ある種の微生物たちがそのフィルターを通り抜けることがわかってきた。

本題に入る前に、先人の微生物ハンターたちが行った研究について紹介したい。研究者たちが過去に発表した論文を読んでいると、極小微生物に関するいくつかの報告があった。実は以前から、孔径約〇・二マイクロメートルのフィルターを通り抜ける微生物がいることが知られていた。一九八一年、オレゴン州立大学（アメリカ）のリチャード・モリタ博士らは、アメリカにあるヤッキーナ湾からある二種類の微生物を発見した。一つは実験室で培養したあとに〝ふつう〟の微生物の大きさにまで育ったものの、もう一つは〇・三マイクロメートルより小さいままであった。常識では考えられないほどに小さな微生物がそこにいた。彼らはその生き物を超微小細菌（英語では ultramicrobacteria）と名づけた。(2) しかし、それがどの種類の微生物であったかは今なお謎に包まれている。余談だが、モリタ博士は日系人としてはじめてアメリカの大学の教授になった研究者で、カリフォルニア大学サンディエゴ校スクリップス海洋研究所（アメリカ）のゾベル博士とともに、大気圧より高い圧力を好んで生きる〝好圧性〟微生物を探しはじめた人物でもある（今では好圧性微生物の存在は当たり前のように知られている）。ゾベル博士は〝海洋微生物学の父〟と言われ、同博士が微生物ハンティングに用いていた培地は今でも広く使われており、Zobell 2216E 培地と呼ばれる。

海洋微生物学者であるモリタ博士が超微小細菌論文を発表した翌年、他の研究グループがアメリカ南部の沿岸で採った水を除菌フィルターでろ過し（ここでふつうの大きさの微生物は除かれる）、そのろ液からいろいろな超微小細菌を発見した。(3) しかし意外なことに、ろ液にいた微生物は誰も見たことのないような新しい種類の微生物ではなかった。それらはシュードモナス属（*Pseudomonas*）やビブリオ属（*Vibrio*）などに属する微生物で、いわばどこにでもいる〝ふつう〟の微生物だった。

なぜそのような微生物が〝ろ液〟の中に残っていたのだろうか？

というのも、まわりが栄養に乏しいところでは、微生物たちの細胞はそもそも小さくなる。[4] 生物にとって好ましくない環境のせいで小さくなる微生物を特に超微小細胞（ultramicrocells）と呼ぶ。[5] ここで再び第1章の砂漠に暮らす微生物のところで触れたステーキセットの話を思い出そう。大きなお肉と付けあわせのコーン。大きいお肉は熱々でなかなか冷めないが、小さいコーンはすぐに冷めきってしまう。なぜならコーンのほうが「体積あたりの表面積の比」が大きいからである。つまり、微生物が小さくなることには、外界と接する表面積を増して、より効率的に栄養を取り込むという利点がある。微小な微生物が生きていくための戦略はこれだけではないだろうが、超微小細胞には〝ふつう〟の大きさの細胞にはない有利な点があるといえよう。

ものすごく小さな微生物

以前から報告があったフィルターを通り抜ける微生物たち。それらはすべて〝ふつう〟の微生物が小さくなっただけなのだろうか？

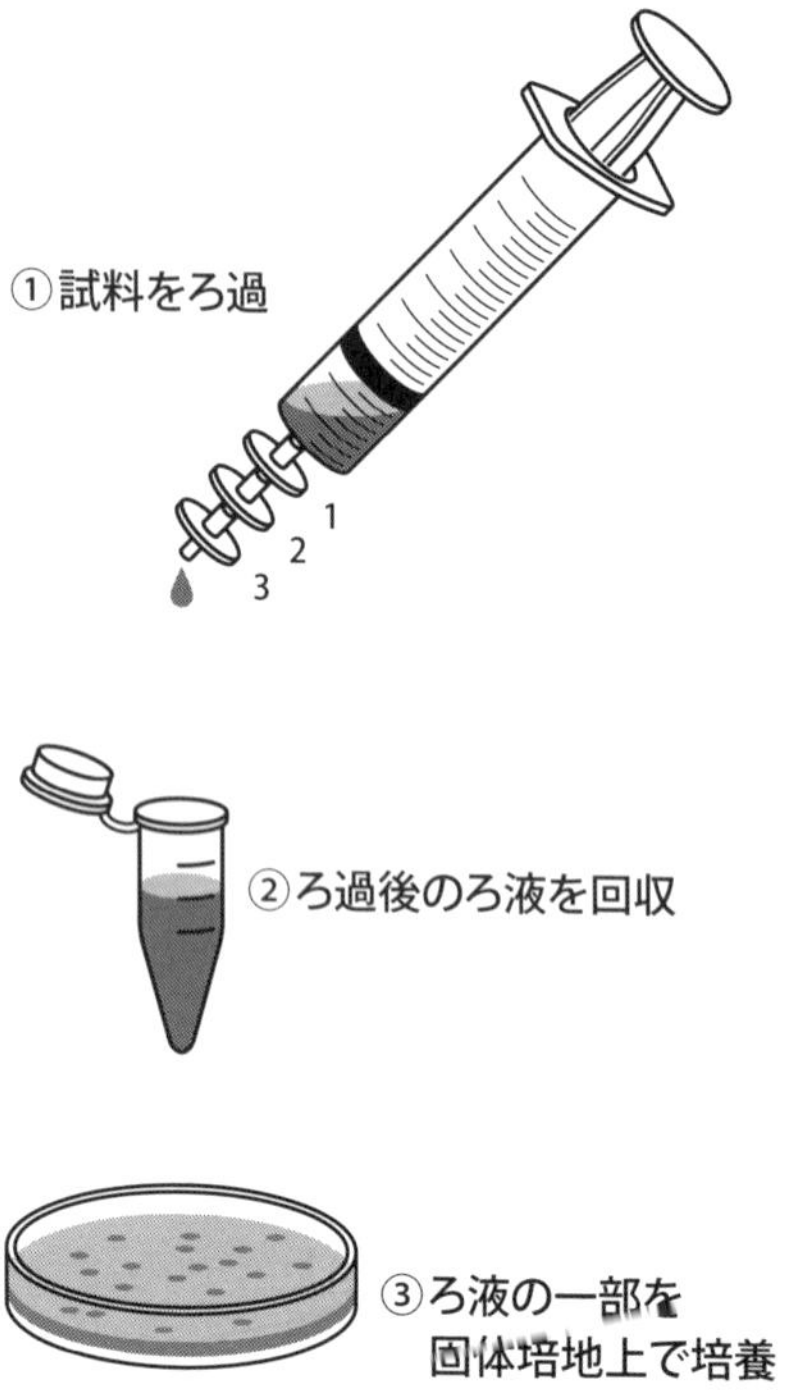

図 5-1　超微小細菌を採る方法（概略図）
孔径約 0.2 マイクロメートルのフィルターを 3 枚重ねにして注射筒に装着し、試料をろ過する（①）。試料が土など固体の場合は、水（例えばリン酸緩衝生理食塩水）と混ぜたものをろ過すればよい。ろ液をチューブなどの容器に回収した後（②）、それを寒天培地上に塗り広げてろ液中の超微小細菌を培養する（③）。

というのも、さまざまなフィールドを巡り、そこで採った土や水を顕微鏡で見てみると、そこにはゴミと区別がつかないほどに小さな微生物〝らしきもの〟とよく出会う。はたして極小サイズのままで生きる微生物はいないのか？　ここは一度、これらがゴミなのか、それとも微生物なのか、きちんと調べる必要がある。

先人の微生物ハンターと同じように、私もフィルターを通り抜ける極小微生物を探そうと思い立った。万全を期すため、孔径約〇・二マイクロメートル（〇・〇〇〇二ミリメートル）のフィルターを三枚重ねにして、それをも通り抜ける小さな微生物を探した（図5-1）。と言っても、そもそも何をろ過するべきか？　ラッキーなことに、これまでのフィールド調査を通して、私の手元には〝ふつう〟の環境で採った水や土だけではなく、さまざまな〝辺境〟で採ったものがある。これら貴重な研究材料をそのままにしておくのはもったいない。あまり深く考えずに、片っ端から研究室にあるものをフィルターでろ過して、そのろ液を培地に加えていった。

しばらく経つと、確かにたくさんの〝ふつう〟の微生物が培地で増殖してきた。これらは先ほどお話しした超微小細胞である。しかしそれだけではなかった。広島県内の川の水からとても小さな微生物を採ることができた。その細胞はアルファベットのCの形をしていて、長さは〇・七マイクロメートル、直径は〇・三マイクロメートルであった（図5-2）。何度やってみてもこの微生物はフィルターを通り抜ける。そもそも微生物の細胞が持つ〝しなやかさ〟を考えると、除菌フィルター

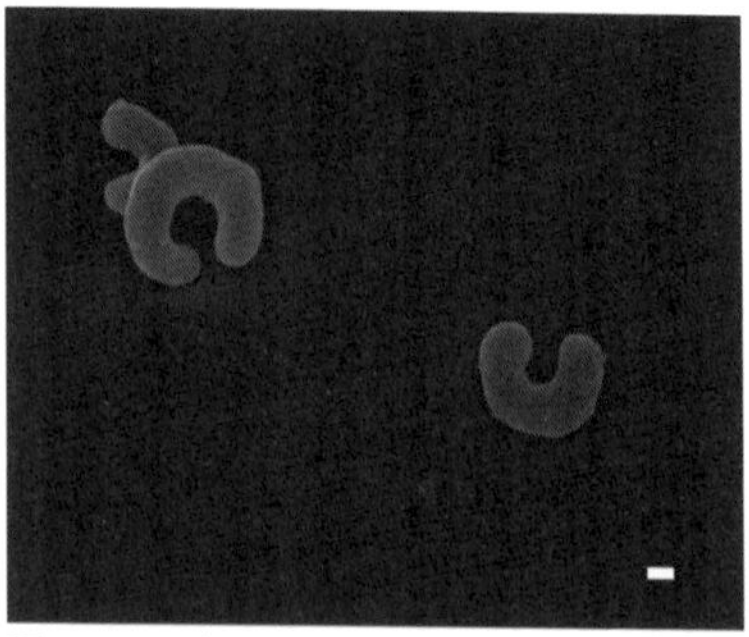

図 5-2　アウランチミクロビウム・ミヌトゥム（*Aurantimicrobium minutum*）の電子顕微鏡写真。右下の白い線の長さは 0.1 マイクロメートル（0.0001 ミリメートル）。この微生物はアルファベットの C の形をした細胞となる。

を通り抜けた微生物がただちにその穴の大きさ（〇・二マイクロメートル）より小さな姿をしているわけではない。たとえフィルターの穴より大きな微生物であっても、柔軟なその細胞は穴を〃にゅるっ〃と通過することができるのだ。

面白いことに、栄養をたっぷり入れたいくつかの培地を試したところ、どの培地でもこのCの形をした微生物の細胞は小さいままで変わらない。その細胞の体積は大腸菌の四〇分の一ほどのサイズである。超微小細菌と呼ぶにふさわしい。この微生物はいったい何者なのか?

細かく調べたところ、この微生物はどうやら「アクチノバクテリア門」というグループに属することがわかった。アクチノバクテリア門は微生物業界でとても有名な系統群だ。なぜならこのグループには抗生物質をつくりだす〃放線菌〃という微生物が含まれるからだ。ここで二〇一五年のノーベル賞を振り返ると、その年のノーベル生理学・医学賞は、北里大学の大村智博士とドリュー大学（アメリカ）のウィリアム・キャンベル博士がそれぞれ受賞した。その受賞の背景には「エバーメクチン」という抗生物質の発見がある。この抗生物質は、静岡県にあるゴルフ場近くの土から見つかった放線菌、ストレプトミセス・エバーミチリス（*Streptomyces avermitilis*）から見つかった。[6] エバーメクチンは、アフリカなどで広がるある種の感染症を救う特効薬となり、多くの人々を病気から救った。このように、放線菌は〝薬をつくる微生物〟として名高い。

一方で、筆者が川の水から見つけた超微小細菌もアクチノバクテリア門に含まれるのだが、16SリボソームRNA遺伝子の塩基配列をデータベース上で照らし合わせると、どうやらすでに名前のついた放線菌の配列とはまったく似ていない。明らかにこの微生物は新種である可能性が高い。そこでさらに詳しく調べあげ、新しい属そして新しい種のアウランチミクロビウム・ミヌトゥム（*Aurantimicrobium minutum*）と名づけて論文を発表した。[7] この学名は、〝オレンジ色のコロニーをつくること〟と、〝小さくて捕まえにくいこと〟にちなんでいる。

驚くべきことに、アウランチミクロビウム属の微生物は世界各地の湖や川に暮らしている。ここで系統樹を見てみよう。この微生物は、日本だけではなく、ウガンダやニカラグア・ケニア・オーストラリア・中国・オーストリア・ドイツと、世界中で見つかることが一目瞭然だ（図5-3）。このグループはもともと〝Luna-2〟というコードネームで呼ばれる、学名のない微生物グループであった。[8] このコードネームは、月を意味するラテン語〝ルーナ（*luna*）〟に由来する。その細胞が三日月のようなC字形になるためにこう名づけられた、と私はつい最近まで思い込んでいた。だが実はそうではない。名の由来は、この種の微生物がはじめて見つかった湖、オーストリアにあるモンド

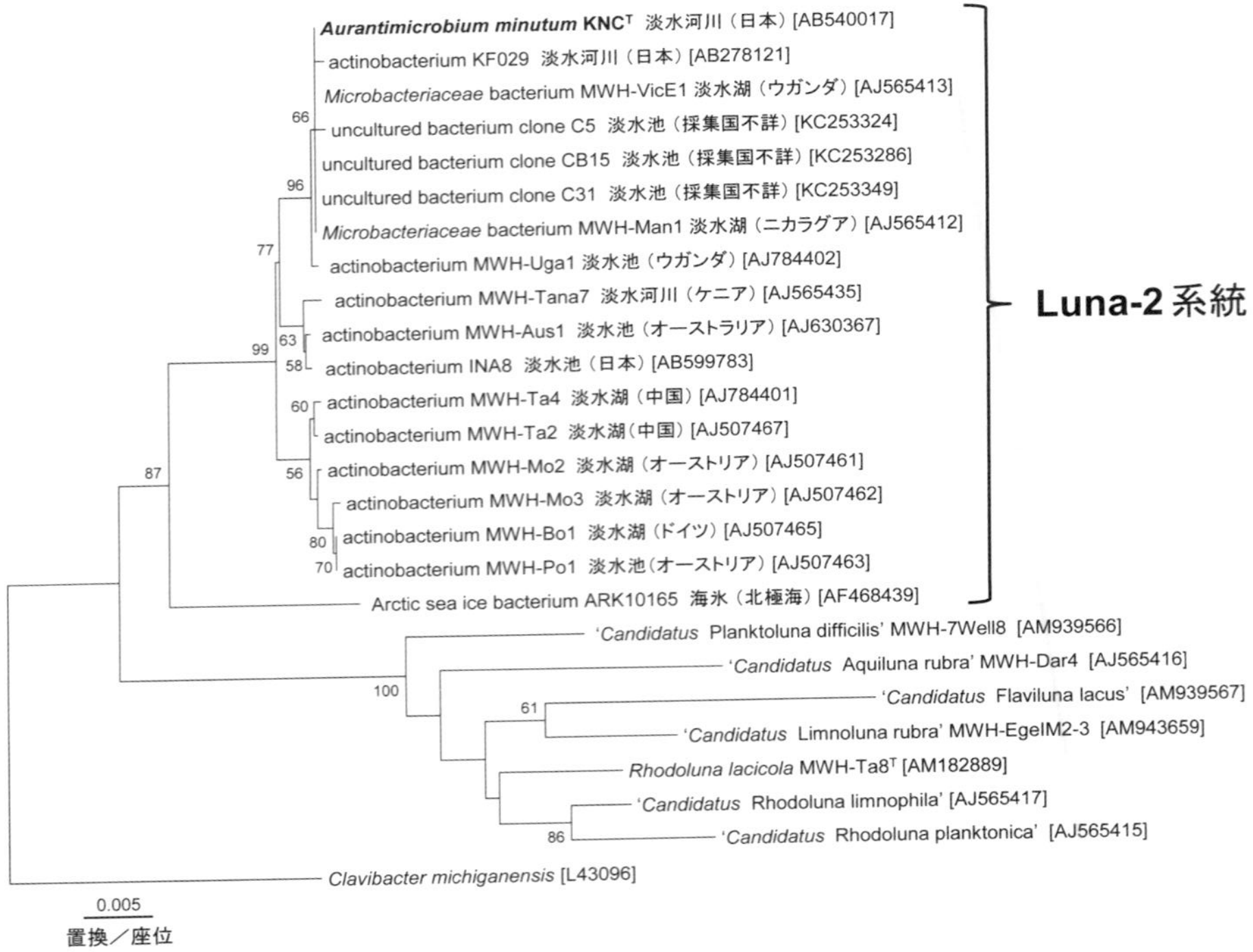

図 5-3 アウランチミクロビウム・ミヌトゥム（*Aurantimicrobium minutum*）と近縁微生物の系統関係。16S リボソーム RNA 遺伝子の塩基配列（1,377 塩基対）を比べてつくった系統樹。Luna-2 系統についてはそれぞれの生息地を記し、その採集国を丸括弧内に示した。本系統が世界各地から見つかっていることがわかる。

湖（Lake Mondsee）にある。ドイツ語で「モンド」は「月」を意味する。

ちなみに、Luna-2のほかにも“Luna-1”や“ac-1”など、さまざまなコードネームがついたアクチノバクテリアが淡水域にいることが知られている。(9) そしてその圧倒的大多数が、まだ培養されていない。が、顕微鏡での観察によって、それらほとんどが細胞サイズのとても小さい超微小細菌であることが明らかになっており、今後詳しく調べていかなければならないと考えている。さらに、先ほどアウランチミクロビウム属の世界的な広がりを見たが、このグループは日本各地のそこかしこにも分布していることが予想される。日本には、北は北海道から南は沖縄まで、湖や川など淡水環境が豊かにある。その中で超微小細菌たちがどのように広がっているのか、場所ごとに同じものがいるのか、あるいは違うものがいるのか、ということも解くべき問題として残ったままである。

さらに冒頭でも述べたが、水中の微生物の種類を調べる時には、孔径約〇・二マイクロメートルのフィルターでろ過して、フィルター上に微生物を捕らえておくことが多い。だが、超微小細菌のほとんどはそのフィルターを通り抜けてしまうので、これまでの微生物研究ではそれらの存在がそもそも見落とされていた可能性が高い。

さて、アウランチミクロビウム・ミヌトゥムのように細胞が小さいままの超微小細菌は、湖や川など淡水だけでなく、海にはいないのだろうか？

実は海にもそのような極微小生物がいる、ものすごい数で。

海の覇者ペラギバクター・ユビーク

〝その〟微生物は海の中でもとりわけ海面に近いところ、いわゆる海洋表層に現れる。しかも、膨大なる数でそれは出現する。

環境中にあるＤＮＡを調べる研究によって、未知なる微生物たちが海にたくさんいることが明らかとなったのは一九九〇年頃。世界に先駆けてそのことを見いだしたのは、オレゴン州立大学（アメリカ）のスティーヴン・ジョバンノーニ博士らの研究グループだ。彼らは大西洋のサルガッソー海の水からＤＮＡを取り出し、ＰＣＲによってリボソームＲＮＡ遺伝子を増やした。その塩基配列を調べたところ、海水中にはこれまで誰も培養したことのない微生物たちが潜んでいることがわかった。[10] 謎の微生物たちは、サルガッソー海（英語でSargasso Sea）という場所の名前にちなんで〝SAR7〟や〝SAR11〟と名づけられる。その後の調査から、この中でもSAR11というコードネームが付いた一大グループは海の表層にいるすべての微生物の約二五％、時にはなんと約五〇％をも占めることがわかり、[11] 特に大きな注目が集まった。どこの水を汲んでもSAR11が出てくるのだ。その細胞の数は全海洋で二×一〇の二八乗個にも達するという見積もりさえある。[11] 地球上で最もたくさん存在する微生物、まさに海の覇者だ。桁外れに大きい数であるがゆえに、そう聞いても直観的にすごさを想像するのは難しい。

膨大なる未知微生物の存在が明らかになったものの、長きにわたって誰もその種を培養することができなかった。

だが、二〇〇二年、SAR11に属する微生物の純粋培養に成功したことが『ネイチャー』に報告された[12]。単独培養によってSAR11の実態をとらえた大きな研究成果である。論文に載った微生物の細胞を見て驚くべきはそのサイズだ。その細胞はとても小さく、除菌フィルターを通り抜けられるほどであった。培養までこぎつけたのは、なんとジョバンノーニ博士らであった。同博士らがSAR11のDNA断片を発表してから十年以上も後のことである。自分で最初に見つけた謎の微生物を自分の手で培養するなんて、彼らはどれほど興奮しただろうか。

はじめて培養されたその海の覇者はペラギバクター・ユビーク（〝*Candidatus* Pelagibacter ubique〟）と名づけられた。種形容語のユビーク（ubique）は、どこにでもいる（ubiquitous）という言葉にちなんでいる。学名を見るとわかるように、ペラギバクター・ユビークの名前は斜字になっていない。そのかわりに、〝候補〟を意味するラテン語「*Candidatus*」だけが斜字だ。というのは、この微生物の学名や特徴を記載した論文がIJSEMに掲載されていないためだ（学名提案のルールは第1章を参照）。ペラギバクターは暫定的な学名の候補ではあるものの、これから正式に発表されれば、*Candidatus*が外れて有効となる。

さて、ここで一つの疑問が出てくる。SAR11は海の表層のどこにでもいて、かつ、膨大な数がいる微生物である。にもかかわらず、なぜ多くの微生物ハンターたちがそれを培養することができなかったのか？

その答えの一つは、培地に含まれる成分にある。驚くべきことに、ペラギバクター・ユビークは、タンパク質を分解したペプトンと呼ばれる栄養源を培地にたくさん加えると生育しない[13]。ペプトンは、微生物を培養する時に〝当たり前〟のように投入するものであるが、これこそがこの種の微生物の増殖を阻む原因だった。だがそもそも、たとえば本章のはじめに触れたゾベル博士が考えたZobell 2216E培地は、海水と比べると一〇〇倍以上もの栄養源（正しくは溶存有機炭素）を含む[13]。すなわち、自然界とかけはなれた〝栄養たっぷり〟の培地は、ある種の微生物にとっては〝異常な〟環境といえる。そのような培地の中では、ペラギバクターは増えることができなかったのだ。第1章で述べたとおり、環境にあわせて有機物の量そのものを減らすことは、新しい微生物を培養するのに有効な手段の一つといえる。

ちなみに、繰り返しになるが、海の覇者ペラギバクターの細胞はものすごく小さい。実は、その細胞はアルファベットのCのような形をしている。C字形と聞いて思い出すのが、この特徴は淡水に暮らすアウランチミクロビウム・ミヌトゥムと同じだ！　ペラギバクター属はプロテオバクテリア門というグループに含まれるため、アウランチミクロビウム属とは種類が異なるのだが、両者の細胞はよく似ている。なぜ水中に暮らす超微小バクテリアたちがC字形であるのかは、大きな謎である。

変身する微生物

ここまで見てきた超微小細菌たちは一生を通じて〝常に〟小さい細胞であると考えられている。一方、そうではなくて、〝一時的に〟小さくなる微生物もまたいる。その一つが第1章で触れたオリゴフレクスス・チュニジエンシス（*Oligoflexus tunisiensis*）である。もう一度この微生物について取り上げる。

オリゴフレクススの細胞はいろいろな形に変わる（第1章の図1-6）。この微生物はもともとサハラ砂漠の砂から分離したものだ。だが実は、これには裏話がある。ただ単に砂を培地に入れて、微生物を培養したわけではない。培養する前の〝ひと手間〟がある。水（正しくはリン酸緩衝生理食塩水）を砂に加えてよく混ぜ、それを孔径約〇・二マイクロメートルのフィルターでろ過し、そのろ液に微生物の栄養を入れて培養した。アウランチミクロビウム・ミヌトゥムを見つけた時と同じように、ろ液の中から超微小細菌を探したというわけだ。実験室で培養すると、オリゴフレクススは、最初は長い糸のような形になって大きくなる。が、のちに「らせん」や「小さな球」の形になるものが出てくる。「らせん」を巻いた姿はとても美しい（図5-4）。ただ単に細胞が小さいだ

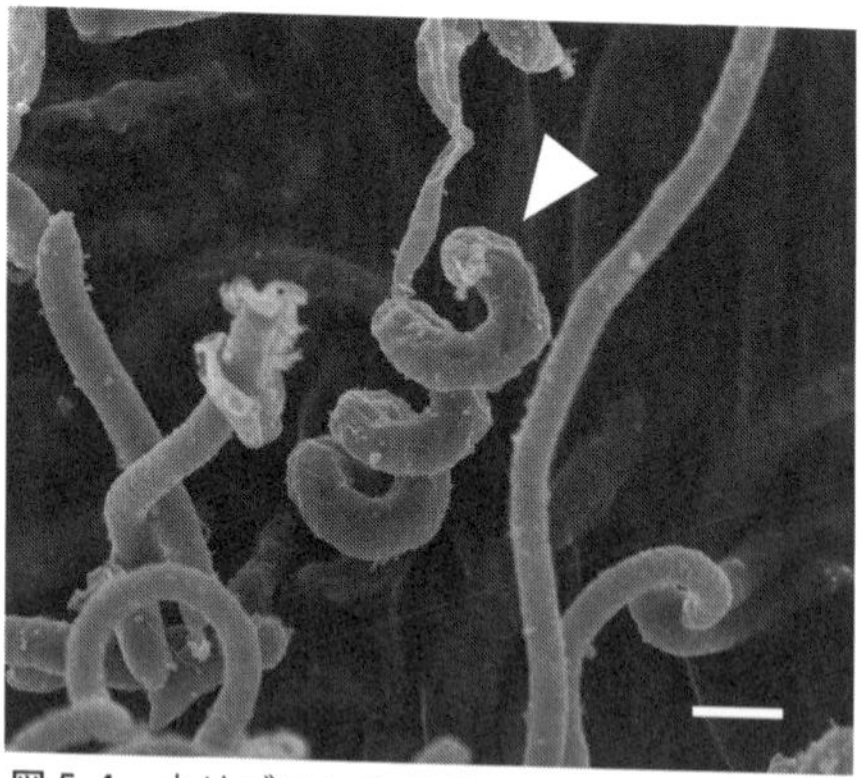

図 5-4　オリゴフレクスス・チュニジエンシス（*Oligoflexus tunisiensis*）の電子顕微鏡写真。三角印で示したところが「らせん」の形をした細胞。右下の白い線の長さは 1 マイクロメートル（0.001 ミリメートル）。

けではなく、〝しなやかに〟その姿を変えられる能力もまたフィルターを通り抜けられることに関係していると私は考える。

私たちが二〇一四年にオリゴフレクスス・チュニジエンシスの発見とともに、新しい「綱」の分類群オリゴフレキシア（*Oligoflexia*）を発表して以来、このグループに属する微生物の報告はしばらくなかった。しかし、二〇一七年、インスブルック大学（オーストリア）のマーティン・ハーン博士らがオリゴフレキシアに含まれる第二番目の微生物、シルヴァニグレラ・アクアティカ（*Silvanigrella aquatica*）を論文で発表した。[14] ハーン博士は、主に淡水に暮らす微生物について数多くの業績を挙げている。そしてこの微生物もドイツにある淡水の湖から見つかった。彼らも湖の水を〝そのまま〟ではなく、〝フィルターでろ過後のろ液〟を培養に用いることで、微生物の発見にこぎつけた。ちなみに、アウランチミクロビウム・ミヌトゥムのところで触れたLuna-2という系統群を世界ではじめて見いだしたのは同博士である。

ハーン博士は、私が尊敬するスーパースター研究者の一人である。研究を進めるうえで、研究者が論文を読むのは日課のようなもので、私もいろいろな雑誌に載った論文を毎日のようにチェックしては、時間を見つけてそれを読む。そんな生活をずっと繰り返してきているわけだが、読んでいて面白い論文もあれば、そうでもない論文もある。だが、ハーン博士が発表する論文は、『ネイチャー』や『サイエンス』などのいわゆる一流科学雑誌にいつも載っているわけではないのだが、どの論文を読んでもいつも面白い。その理由をうまく説明できないのだが、微生物の生き様をしっかり追い求めている様子が論文からひしひしと伝わってくるのだ。

あれは南極調査から帰ってきたばかりの頃。フィールドに長く出ていたのでメールが確認できず、未読のメールが溜まりに溜まっていた。それらを一つずつ確認する気力はないと思っていたところ、たくさんのメールの中に海外の研究者からのものがあった。それは〝あの〟ハーン博士からだった。もちろん面識はない。ただ、Luna-2グループに含まれるアウランチミクロビウム・ミヌトゥムを捕まえて論文を発表したので、それについて何か質問があってメールをくださったのかと最初は思った。だが、メールを読み進めるとそうではない。オリゴフレクスス・チュニジエンシスに似たよくわからない微生物を見つけた、という旨の内容だった。その後も何度か連絡を取り合っていく中で、その謎の微生物を一緒に調べることになった。オリゴフレクススの論文を準備した時と同じように、その微生物に関する情報を集めていく。餌は何を好むのか、増殖するのに適した培養温度はいくらか、など、尊敬する研究者と一緒に微生物について「あーでもない、こーでもない」と語り合うことができるのは、この上なく幸せなことである。

詳細は省くが、この共同研究の成果こそが後のシルヴァニグレラ・アクアティカの論文発表につながる。この微生物にもまた面白い特徴がたくさんある。まず、オリゴフレクスス・チュニジエンシスと同じように、シルヴァニグレラの細胞もまたいろいろな形に変わる、変身する微生物で、それは時に「らせん」を幾重にも巻いた形となる（図5-5）。そしてシルヴァニグレラは、オリゴフレクススと比べると、「らせん」を巻く回数がとても多い。そしてシルヴァニグレラは、スピロバチルス・シエンコウスキイ（"*Spirobacillus cienkowskii*"）という微生物に現時点で最も近縁であることがわかった（正確には、16SリボソームRNA遺伝子の塩基配列の相同性にして九六％）。このスピロバチルスは百三十年以上も前に発見されていたものの、[15] まだ誰も培養できていない微生物である。そのため、学名もまだ正式に認められていない。スピロバチルス・シエンコウスキイは、ミジンコに寄生することが知られている。スピロバチルスが寄生したミジンコは真っ赤に染まり、数日も経つと死んでしまう。[16] 赤く染まるのは、この微生物がつくりだす「カロテノイド」が原因だ。[17] 感染したミジンコの体の中

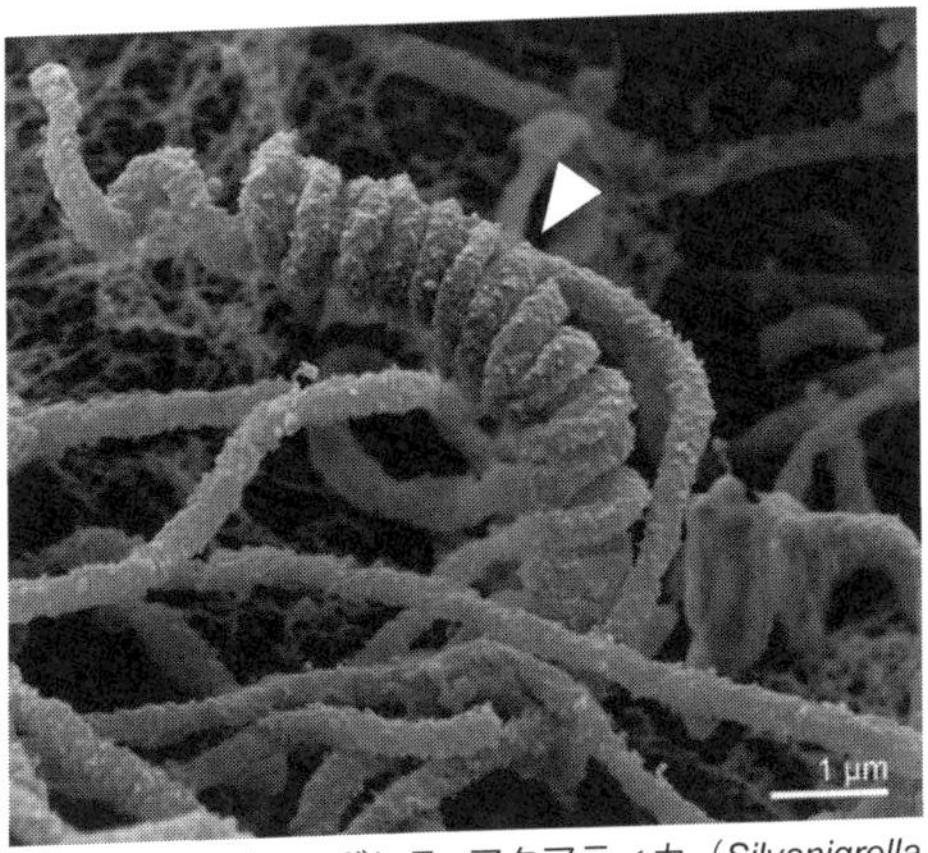

図 5-5　シルヴァニグレラ・アクアティカ（*Silvanigrella aquatica*）の電子顕微鏡写真（文献 14 より一部改変）。三角印で示したところが「らせん」の形をした細胞。右下の白い線の長さは 1 マイクロメートル（0.001 ミリメートル）。
（写真提供：インスブルック大学　マーティン・ハーン博士、ヘルムホルツ感染研究センター　マンフレッド・ロフデ博士）

は「らせん」の形をしたスピロバチルスで埋め尽くされる。なんとも恐るべき微生物だ。

そのスピロバチルスを発見したのは、微生物学者であり動物学者でもあるロシア人のイリヤ・メチニコフ博士である。彼は、ミジンコの暮らしぶりを観察しながら、ある種の細胞が酵母に近づいて襲うこと、つまり消化することに気づく。そのような小さな世界で繰り広げられる〝戦い〟から、外から侵入してきた微生物から身を守るための細胞が存在することを突き止めた。これをきっかけに築きあげた「免疫食細胞説」の功績によって、一九〇八年にメチニコフ博士はノーベル生理学・医学賞を受賞した。ちなみに、晩年になって同博士は、ヨーグルトと健康の関係に興味を持ち、自らヨーグルトを食べながら研究に没頭した研究者としても微生物業界では有名だ。

メチニコフ博士といえば、前述のとおり、ミジンコの中に暮らす酵母を研究したことでとても有名であるが、他にも微生物を論文に記載していた。これこそがスピロバチルス・シエンコウスキイである。繰り返すが、現時点で誰もこの微生物を培養できていない。だが、近縁となるオリゴフレクススやシルヴァニグレラがフィルターでろ過後の〝ろ液〟から見つかったことを考えると、スピロバチルスが「らせん」の形をしているのはミジンコの体内に寄生している時だけで、普段は超微小細菌として小さい細胞のままで環境中に暮らしている可能性がある。ということは、ろ液を使ってあれこれ培養することは、スピロバチルスを捕まえるための一つの戦略になるだろう。

「ゆとり」のない生命

ここまで、極小サイズの微生物の仲間にはどんな種類のものがいるかを詳しく見てきた。ところで、超微小細菌たちはどのようにして生きているのだろうか？　微生物の持つ能力に関する情報がつまったゲノム（遺伝子の集まり）を調べることで、その全貌を垣間見ることができる。

川の水から見つけたアウランチミクロビウム・ミヌトゥムは培養が簡単なので、ゲノムを調べるのに必要なＤＮＡをたくさん集めることができた。実際にゲノム情報を解読したところ、その情報量、いわゆるゲノムサイズは約一六〇万塩基対（一・六 Mbp）と驚くほどに小さく[18]、大腸菌のそれ（約四・六 Mbp）の三分の一ほどであった。ゲノムサイズと聞いても直観的によくわからないかもしれないが、遺伝子の数として比べると、アウランチミクロビウムが約一六〇〇個であるのに対して、大腸菌は約四四〇〇個。超微小細菌の持つ遺伝子の数が極端に少ない。つまり、アウランチミクロビウムの小さなゲノムは、ふつうの微生物が自力で生きていくために必要な代謝の一部、あるいは全部が「ない」ことを意味する。まだいろいろと調べているところだが、アウランチミクロビウムは、光エネルギーを活用するある種の代謝において、ふつうの微生物が有する遺伝子がないことがわかってきている[19]。

このことは海の覇者ペラギバクター・ユビークにも当てはまる。ペラギバクターの培養にこぎつけたジョバンノーニ博士らは、次にそのゲノム情報をまるごと解読した。その結果は驚愕に値するもので、そのゲノムサイズは約一三〇万塩基対（約一・三 Mbp）と驚くほどに小さかった。つまり、ペラギバクターが持つ遺伝子の数もまた少ない、ということである。膨大な数がいるペラギバクター。そこまで繁栄しているには、「有事」にそなえたさまざまな代謝能力を持っていて、何が起きても大丈夫な微生物だと多くの研究者が思っていたはずだ。だが実際のデータを見ると、決してそうではない。

なぜアウランチミクロビウムにしろ、ペラギバクターにしろ、それらのゲノムはそんなにも小さいのか？　なぜ少ない遺伝子の数しか持っていないのに世界各地で栄えることができるのか？

この小さなゲノムへの説明として、ミシガン州立大学の研究グループが「黒の女王仮説」というものを唱えている。[20] ここで生物の進化に興味がある読者は「赤の女王仮説」を思い出すかもしれない。この仮説はルイス・キャロルの『鏡の国のアリス』の中に登場する赤の女王というキャラクターにちなんだもので、宿主と寄生者の関係などを説明するものとして有名である。アリスが迷い込んだ鏡の国では、どれだけ走ってもまわりの景色が変わらない。そこでアリスは赤の女王に聞く。「なぜ走り続けるのか？」と。そこで赤の女王は「同じ場所にとどまるためには、走り続けなければならない」と答える。これは、ある種の生物が現状を維持するために進化し続けなければならない状況と似ている。宿主と寄生者の関係はまさにそうで、両者の遺伝子が変化してせめぎ合っているにもかかわらず、「宿主が寄生者に寄生されている」という現状にはまったく変化がない。

一方で、黒の女王仮説は、赤の女王仮説を意識して名づけられたのは間違いないが、その由来はトランプゲームの「ハーツ」にある。みなさんはこのゲームで遊んだことがあるだろうか。ルールを説明すると、各プレイヤーは、場に出すカードの強さを競い合いながら、大きく減点されてしまうスペードのクイーン(黒の女王)を取らないようにゲームを進めていく。減点の少ないプレイヤーが勝者だ。したがって、この仮説においては、黒の女王が〝負担のかかる代謝（とそれに関わる遺伝子群）〟に当てはまると考えればよい。大雑把にまとめると、ペラギバクターなどの超微小細菌は、自身にとって負担のかかる代謝を止めた結果として、その代謝自体に関わる遺伝子群そのものを失ったというわけだ。

でも、なぜそもそもそんなことができるのだろうか？　その理由を探るうえで、まわりにいる他の微生物たちの存在が鍵になってくる。具体例を挙げると、ペラギバクターは生きていくために欠かせない、メチオニンというアミノ酸を合成できない[21]。ただ、自身で合成できずとも、もしも周囲にメチオニンがたくさん存在しているならば何ら問題はないはずだ。まわりで共に暮らす微生物たちがつくる、あるいは微生物たちの細胞から漏れだしてくるメチオニンを使うことができれば、自身でわざわざエネルギーを使ってメチオニンをつくりだす必要がない。

黒の女王仮説によると、ペラギバクターは他の微生物に強く頼ることで進化してきたと考える。つまりは、周囲の微生物が〝黒の女王を取って〟負担のかかる代謝を担う。自身のゲノムの中身を整理してシンプルにすることで、代謝にかかるエネルギーもその分少なくなるため、他の微生物より有利になる。そんな〝受け身の〟生き方は、環境中で〝楽に〟暮らしていくことを可能にする。そのため、環境中で繁栄できるというわけだ。アウランチミクロビウムは淡水で、そしてペラギバクターは海で栄えるためにその能力を〝最適化〟してきた可能性がある。これが世界各地にいる、ある種の超微小細菌の大繁栄を支える一つの鍵だと思われる。

ちなみに、ゲノムが小さくなること自体は、他の微生物に寄生あるいは共生する微生物の仲間によく見られる。これらの微生物は宿主を拠りどころにすることで、自身に不要になった遺伝子群を失うため、ゲノムサイズがきわめて小さい。そう考えると、アウランチミクロビウムなどの極小微生物は、まわりの微生物たちがいる環境に頼る、言い換えるならば「環境に共生する」微生物といえよう。世界各地で大繁栄している一方で、そのようなゲノムサイズが小さく「ゆとり」がない微生物たちは、大きな環境の変化が起きた時には、すぐに死に絶えるかもしれない。

生物と無生物の間

超微小細菌より小さな生物〝らしきもの〟として、古くは「ろ過性病原体」と呼ばれたウイルスがある。ウイルスはタンパク質と核酸からなる粒子で、細胞質を持たない。ウイルスは、宿主たる細胞を持つ生物（専門用語では細胞性生物）に寄生しないと増えることができないため、無生物、あるいは生物と無生物の境界にあるような存在として扱われる。

ふつうのウイルス粒子のサイズは直径およそ〇・一マイクロメートル。そのため、実験を行う際には、本章で何度も登場している孔径約〇・二マイクロメートルの除菌フィルターを使って、あらかじめウイルスとそれよりも大きい細胞性生物を分けておく。つまり、〇・一～〇・二マイクロメートルあたりに生物と無生物の間を隔てる〝サイズの境界〟があるといえる。

しかしこの十数年、この境界が揺らぎ続けている。一九九〇年代に、エクス＝マルセイユ大学（フランス）の微生物学者たちは、イングランドの病院にある冷却塔の水から球の形をした微生物を発見した。奇妙なことに、微生物、特に真正細菌（バクテリア）や古細菌（アーキア）を見つけた時にまず調べる16SリボソームRNA遺伝子が、一向に検出されない。微生物でないのなら、この目の前にいる球状の物体はいったい何者なのか？

その答えは、常識では考えられないほどに巨大なウイルスだった。粒子径が約〇・四マイクロメートルにもなるそのウイルスは、微生物によく似ている（mimic）ことにちなんでミミウイルスと名づけられた。[22] 二〇〇三年のことである。ミミウイルスは孔径約〇・二マイクロメートルのフィルターを通り抜けることなく、他の微生物とともにフィルターの上に捕まる。そのため、長きにわたりその存在が発見されていなかったというわけだ。これは、超微小細菌たちが「除菌フィルターを通り抜けるはずがない」という常識をひっくり返したのとは真逆で、ウイルスが「除菌フィルターに捕まるはずがない」という常識を覆した、ということになる。

ミミウイルスの発見をきっかけとして、近年、さまざまな場所から巨大なウイルスの発見が相次いでいる。驚くべきことに、二〇一三年に見つかったパンドラウイルスの一種パンドラウイルス・サリヌス（*Pandoravirus salinus*）は、粒子径の長径が一マイクロメートルにもおよぶ。[23] さらに、このパンドラウイルスは約二五〇万塩基対（二・五Mbp）のゲノムを持ち、ゲノム上にある二一〇〇を超える遺伝子の配列が他のどのウイルスや生物のものとも相同ではなかった。つまり、よくわからない遺伝子をたくさん持ち、その機能が一切不明というわけだ。このゲノムサイズは、超微小細菌として紹介したアウランチミクロビウムやペラギバクターのそれより大きい。パンドラの箱を開けたような驚くべき発見から、このパンドラウイルスという名前が付けられている。二〇一四年にはシベリアの永久凍土からピソウイルスという大型ウイルスが見いだされ、その長径は約一・五マイクロメートルと破格の大きさである。(24)

巨大ウイルスの中には、超微小細菌より大きな粒子径やゲノムを持つものがいる。これらを見ていると、生物と無生物の間に一意的な線を引くのはとても難しいと言わざるを得ない。「ウイルスは除菌フィルターでろ過後のろ液にいる」という経験則の盲点を衝く巨大ウイルスの存在。今では、巨大ウイルスを真正細菌・古細菌・真核生物の三つの生物グループ（ドメイン）に次ぐ〝第四のドメイン〟と位置づけるかどうか、すなわち生物と非生物の境界そのものについての議論さえある。(25)

超大型のウイルスの発見は、私たちの生命観にパラダイム・シフトをもたらしている。約六十年前、川喜多愛郎博士が著した本にも、こう書かれている。

生物と無生物との間には、常識が確信しているような一意的な線はどうやらないとみるのが正しいと言わなければならないのです。

川喜田愛郎著『生物と無生物の間―ウイルスの話―』岩波書店

広がる超微小微生物たちの世界

除菌フィルターをも通り抜ける超微小細菌が棲む〝極小〟の世界がある。一方で、そのフィルターに捕まるなんて誰も予想していなかった巨大ウイルスもいる。常識をひっくり返す小さい微生物と大きいウイルスの発見により、生物と非生物を分ける〝サイズの境界〟はなくなったと言えるだろう。

極小の世界を巡っては、さらに驚くべき報告がある。

なんと奇妙な超微小微生物たちが私たちの足下に、地下深くに栄えて暮らしているというのだ。そんな謎の微生物が地下にたくさんいることを最初に見いだしたのは日本の微生物ハンターで、私の恩師である長沼先生である。

長沼先生らは地下微生物の研究を進めていく中で、核燃料サイクル開発機構（現、日本原子力研究開発機構）の協力を得て、岐阜県南部の東濃鉱山の地下一二八メートルに実験室をつくり、研究を行っていた。それだけでも驚きだが、さらにそこで地下水を一〇〇〇リットルも汲みあげて、孔径約〇・二マイクロメートルの除菌フィルターでろ過し、続いてそのろ液を孔径〇・一マイクロメートルの〝超〟除菌フィルターでもまたろ過した。その狙いは、最初のろ液中にいる小さな微生物たちを〝超〟除菌フィルターで捕まえることだった。

その〝超〟除菌フィルターに捕まった微生物を調べてみると、すでに知られている微生物の種類とはまったく異なるものたち、具体的にはOD1やOP11というコードネームで呼ばれる門レベルで新しい微生物たち、いわゆるcandidate division（第4章を参照）が多数を占めていることを発見した。[26] 門というのは、ヒトの分類でいえば脊索動物門（脊椎動物亜門）にあたる高いレベルの分類階級である。それほどに新しい生き物たちが孔径約〇・二マイクロメートルのフィルターでろ過後のろ液に存在したわけだ。すなわち、地下水の中には除菌フィルターを通り抜けられる微生物がたくさんいて、それらが「珍しい微生物の宝庫」であることが明らかになった。

では、珍しい新種たちはどんな姿形をしているのか？

その謎を解き明かしたのが、カリフォルニア大学バークレー校（アメリカ）のジリアン・バンフィールド教授らが率いる研究チームである。同教授らは、米国コロラド州で地下水を汲みあげ、除菌フィルターを通り抜ける微生物を集めていた。そこでもやはりOD1など未培養系統群がたくさんいた。さらに同教授らは、クライオ電子顕微鏡という生物を凍らせたまま観察できる最先端の装置を駆使して、ろ液中にいる微生物たちの姿をとらえることに成功した。[27] その結果によると、どうやって生きているのかわからないほどに小さな微生物がそこにいた。その大きさは、はじめに紹介したアウランチミクロビウム・ミヌトゥムの細胞体積のなんと五分の一ほど。しかも、顕微鏡で観察すると分裂して増えているような細胞が見つかり、その微生物たちが〝極小サイズのまま〟で生きていると、バンフィールド教授らは考えた。

バンフィールド教授らの研究はさらに続く。同教授らは、地下水のろ液中のDNAをまるごと解読する「メタゲノム解析」という手法を用いて、大量のゲノム情報を解読することに成功し、微生物たちを根こそぎ調べていった。その結果として、ろ液の中になんと三五以上の門レベルで新しい微生物が存在する、という衝撃的な事実を突き止めた。この大量の新種たちは candidate phyla radiation（略してCPR）と命名された。[28] 長沼先生の訳語をお借りすると、CPRとは〝未知の主流派〟という意味だ。[29] すなわち、除菌フィルターを通り抜ける微生物は決して例外的なものではなく、そこにはもう一つの超微小微生物たちが暮らす世界、いわば〝地底の王国〟があることがわかった。地下という辺境で、未知なる微生物たちがどのようにして生き抜いているのか、とても興味深い。

しかし、ここで一つの疑問が出てくる。なぜこれまで三五を超えるほどの新しいCPR微生物たちが見つかっていなかったのか？　もちろん、それらがフィルターでろ過後のろ液という、ふつうであれば捨てられる「必要のない」ものの中にいたことは一つの理由として考えられる。

だが、他にも大きな理由がある。その秘密は、本書でもう何度も出てきた16SリボソームRNA遺伝子にある。第1章でお話ししたとおり、この遺伝子はタンパク質の合成という生物にとってきわめて重要な役割を担っている。そのため、これが大きく変わることは、生物が生きていくために必要不可欠な機能を失うことにつながるため、大きな変化が〝ふつう〟は生じない。だからこそ、微生物の種類を分類する時に用いる一つの指標としてこの遺伝子領域に注目が集まり、今ではその塩基配列の違いにもとづいて微生物がどのグループに属するか調べられる。

だが、その常識が未知の主流派たるCPR微生物たちにはまったく当てはまらない。CPR微生物の中には、その変わりにくいはずの16SリボソームRNA遺伝子の塩基配列の中に、タンパク質の合成とは何ら関係のない複数の配列が入り込んでいるものがいる。そのような状況で、どのようにしてタンパク質をつくっているのだろうか。詳しいところはまったくわかっておらず、今後の続報が待たれる。私も小さな微生物を追い求めてきた研究者の一人として、このCPR微生物の生き様に迫りたいと考えており、いろいろな研究に取りかかっているところだ。地下微生物もまだまだ驚きに満ちている。プリンストン大学（アメリカ）のタリス・オンストット博士が自身の研究について綴った本の最後が、こう締めくくられているのを思い出した。

私たちはいつでも驚けるようになっていなければならない。私たちの地下の生命探《ディープライフ》しでは、多くの驚異が私たちを待ち受けているからだ。

タリス・オンストット著　松浦俊輔訳『知られざる地下微生物の世界
——極限環境に生命の起源と地球外生命を探る——』青土社

この章で見てきたように、フィルターでろ過後の〝ろ液〟というこれまで見過ごされていたところに、私たちのまったく知らなかった超微小微生物たちがいる。ろ液を丹念に調べあげることで、奇妙な微生物たちが持つ新しい能力が徐々に明らかにされていくであろう。〝小さいサイズの辺境〟にある極小の世界といえども、微生物たちが織り成す大きな世界が広がっているのだ。

おわりに

異形の深海生物たちをきっかけにしてのめり込んだ辺境微生物たちの世界。結局のところ、深海生物を研究することはなかったが、砂漠や温泉・北極・南極と、さまざまな辺境フィールドを巡り、たくさんの面白い微生物に出会うことができた。

微生物世界は巨大で、奥深い。昨今、環境中にあるDNAを調べる技術は驚くべきはやさで発展している。DNA解析技術は微生物学に革命をもたらし、DNAさえ得られれば目の前の環境にいる微生物の種類があっという間にわかるようになった。その結果として、CPR微生物（第5章を参照）のようなとんでもなく新しい微生物の一大グループが発見され、微生物たちの〝超多様性〟が明らかになってきた。今後は、まだ名前のない未知なる微生物たちの〝超能力〟に注目が集まっていくだろう。そんな中、微生物がどんな能力を秘めているかをつまびらかにしていくうえで、微生物を飼う（培養する）こともまだまだ大切であることをここに記しておきたい。

辺境フィールドでの調査は、私一人で行ったものなど一つとしてない。多くの先生方、研究者の皆様、そして調査を支援してくださった皆様のお蔭で実りある調査が実現している。また、本書で触れた調査の多くは、文部科学省および日本学術振興会が交付する科学研究費の助成を得て実施したものである。

辺境微生物たちの世界に私を導いてくださった長沼毅先生に深謝申し上げる。先生は不出来な私を見捨てず、博士号（ドクター）を取るまで熱く指導してくださった。今なお、お会いするたびに〝すごい〟微生物たちについて語り合うのが幸せな時間で、この時間こそが私の原点である。広島大学に編入しなかったら、辺境微生物の研究にのめり込むことは決してなかったと断言できる。また、編入したあと、学生生活や研究生活の中で私を助けてくださった学生支援室の厚井晶子様に感謝の意を表する。

ドクターを取ったあとは、国立遺伝学研究所の仁木宏典先生に受け入れていただき、研究を継続した。調査で研究室をたびたび留守にする私を、南極調査へも快く送り出してくださった仁木先生にとりわけ感謝している。また遺伝研では、馬場知哉博士をはじめ多くの先輩方と交流を深めながら、環境微生物研究における自分の立ち位置を自問自答し続けた。微生物「以外」の生き物を研究対象とする同僚と出会えたことも大きな財産である。同じ建物、同じフロアで夜な夜な研究の話（とどうでもよい話？）をした同僚の石川麻乃博士と廣岡俊亮博士、ありがとう。ここには書ききれないが、遺伝研で濃密な時間をともに過ごした仁木研究室の皆様、北野研究室の皆様、そして宮城島研究室の皆様のお蔭で、辺境微生物の研究を大きく進めることができた。

本文中では割愛したが、本書を書き進めている途中で、私は産業技術総合研究所つくばセンターに移った。そこでは玉澤聡博士、山本京祐博士、Masaru K. Nobu 博士、成廣隆博士、玉木秀幸博士、鎌形洋一博士、そして生物資源情報基盤研究グループの皆様にお世話になりながら、微生物の多様性と多才性をあらためて思い知ることになった。特に、ポスドクとして私を受け入れてくださった玉木博士に心より感謝申し上げる。この「おわりに」を書いている今は、同所の北海道センターにある応用分子微生物学研究グループに研究員として着任し、研究を行っている。辺境微生物たちが持つ〝超能力〟を引き出すために、いろいろな研究を進めていくつもりだ。また何かの機会にその成果を皆さんに届けられれば望外の喜びである。

本書を書き進めるうえで、長沼先生には全体にわたってご確認をいただいた。また、伊村智教授、黒沢則夫教授、鈴木忠博士、辻本惠博士、西島美由紀博士、西山浩次様、高橋美穂様にもご助言をいただいた。深く感謝している。一方で、本書に何か誤りがあった際にはひとえに著者である私の責任であることもここに記しておく。

あれは南極調査から帰国してしばらく経った時のこと。築地書館の北村緑さんがこの本を企画してくださった。はじめてお会いした時、お好きな本のことを笑顔で語る北村さんがとても印象的で、今でもはっきり覚えている。その後、私の遅筆のため、大変ご迷惑をお掛けしたが、原稿の提出や修正を辛抱強く待っていただいた。北村さんに心からありがとうとお伝えしたい。

最後に、私を生み育んでくれた両親に感謝したい。そしていつも笑顔あふれる妻に感謝を。

二〇一八年七月　札幌の寓居にて

中井亮佑

第4章
『世界最悪の旅』チェリー・ガラード著　加納一郎訳　中央公論新社　2002
「きょくまん　第14話　コケボウズ発見！」うめ作　『極』No.15　2016年夏号　国立極地研究所
『南極大陸の歴史を探る』木崎甲子郎著　岩波書店　1973

第5章
『生物と無生物の間―ウイルスの話―』川喜田愛郎著　岩波書店　1956
『知られざる地下微生物の世界―極限環境に生命の起源と地球外生命を探る―』タリス・オンストット著　松浦俊輔訳　青土社　2017

(13) Giovannoni & Stingl (2007) *Nature Reviews Microbiology*, 5: 820-826.
(14) Hahn *et al.* (2017) *International Journal of Systematic and Evolutionary Microbiology*, 67: 2555-2568.
(15) Metchnikoff (1889) *Annales de l'Institut Pasteur*, 3: 61-68.
(16) Rodrigues *et al.* (2008) *Applied and Environmental Microbiology*, 74: 1575-1582.
(17) Green (1959) *Nature*, 183: 56-57.
(18) Nakai *et al.* (2016) *Genome Announcements*, 4: e00616-16.
(19) 中島 (2018) 日本微生物生態学会誌, 33: 7.
(20) Morris *et al.* (2012) *mBio*, 3: e00036-12.
(21) Tripp (2013) *Journal of Microbiology*, 51: 147-153.
(22) La Scola *et al.* (2003) *Science*, 299: 2033.
(23) Philippe *et al.* (2013) *Science*, 341: 281-286.
(24) Legendre *et al.* (2014) *PNAS*, 111: 4274-4279.
(25) Boyer *et al.* (2010) *PLOS ONE*, 5: e15530.
(26) Miyoshi *et al.* (2005) *Applied and Environmental Microbiology*, 71: 1084-1088.
(27) Luef *et al.* (2015) *Nature Communications*, 6: 6372.
(28) Brown *et al.* (2015) *Nature*, 523: 208-211.
(29) 長沼 (2016) 現代思想, 44: 40-61.

(補記) 扉と本文中で直接引用した書籍等

第1章
『星の王子さま』サン=テグジュペリ著　河野万里子訳　新潮社　2006
『アリの背中に乗った甲虫を探して』ロブ・ダン著　田中敦子訳　ウェッジ　2009
『地中生命の驚異』デヴィッド・W・ウォルフ著　長野敬・赤松眞紀訳　青土社　2016
『芭蕉　おくのほそ道』松尾芭蕉著　萩原恭男校注　岩波書店　1979

第2章
『ブラック微生物学　第3版』Jacquelyn G.Black 著　神谷茂、高橋秀美、林英生、俣野哲朗監訳　丸善出版　2014
『ありえない生きもの』デイヴィッド・トゥーミー著　越智典子訳　白揚社　2015
『マリス博士の奇想天外な人生』キャリー・マリス著　福岡伸一訳　早川書房　2004
『温度から見た宇宙・物質・生命』ジノ・セグレ著　桜井邦朋訳　講談社　2004

第3章
『アンデルセン童話集2　雪の女王』アンデルセン著　山室静訳　講談社　1994

(10) Uetake *et al.* (2016) *FEMS Microbiology Ecology*, 92: fiw127.
(11) Zeng *et al.* (2013) *Archives of Microbiology*, 195: 313-322.
(12) Franzetti *et al.* (2016) *The ISME Journal*, 10: 2984-2988.

第4章

(1) de Wit & Bouvier (2006) *Environmental Microbiology*, 8: 755-758.
(2) Imura *et al.* (1999) *Polar Biology*, 22: 137-140.
(3) Kato *et al.* (2013) *Polar Biology*, 36: 1557-1568.
(4) 伊村ら (2000) 名古屋大学加速器質量分析計業績報告書, 11: 176-183.
(5) Imura *et al.* (2003) *Polar bioscience*, 16: 1-10.
(6) Kudoh *et al.* (2003) *Polar bioscience*, 16: 11-22.
(7) Nakai *et al.* (2012) *Polar Biology*, 35: 425-433.
(8) Tsujimoto *et al.* (2014) *Polar Biology*, 37: 1361-1367.
(9) Tsujimoto *et al.* (2016) *Cryobiology*, 72: 78-81.
(10) 田邊 (2007) 光合成研究, 17: 58-62.
(11) Tanabe *et al.* (2010) *Polar Biology*, 33: 85-100.
(12) Lynch *et al.* (2012) *The ISME Journal*, 6: 2067-2077.
(13) Lynch & Neufeld (2015) *Nature Reviews Microbiology*, 13: 217-229.
(14) Nakai *et al.* (2012) *Polar Biology*, 35, 1495-1504.
(15) 中井・長沼 (2016) 海洋と生物, 222: 12-17.
(16) Nakai *et al.* (2012) *Polar Biology*, 35: 1641-1650.
(17) Dubilier *et al.* (2008) *Nature Reviews Microbiology*, 6: 725-740.

第5章

(1) Knoll *et al.* (1999) *Size Limits of Very Small Microorganisms; Proceedings of a Workshop*. National Academy Press, Washington, D.C.
(2) Torrella & Morita (1981) *Applied and Environmental Microbiology*, 41: 518-527.
(3) MacDonell & Hood (1982) *Applied and Environmental Microbiology*, 43: 566-571.
(4) Hood & MacDonell (1987) *Microbial Ecology*, 14: 113-127.
(5) Kuhn *et al.* (2014) *Applied and Environmental Microbiology*, 80: 3687-3698.
(6) Takahashi *et al.* (2002) *International Journal of Systematic and Evolutionary Microbiology*, 52: 2163-2168.
(7) Nakai *et al.* (2015) *International Journal of Systematic and Evolutionary Microbiology*, 65: 4072-4079.
(8) Hahn *et al.* (2003) *Applied and Environmental Microbiology*, 69: 1442-1451.
(9) Newton *et al.* (2011) *Microbiology and Molecular Biology Reviews*, 75: 14-49.
(10) Giovannoni *et al.* (1990) *Nature*, 345: 60-63.
(11) Morris *et al.* (2002) *Nature*, 420: 806-810.
(12) Rappé *et al.* (2002) *Nature*, 418, 630-633.

377-382.
(14) Blöchl *et al.* (1997) *Extremophiles*, 1: 14-21.
(15) Kashefi & Lovley (2003) *Science*, 301: 934.
(16) Takai *et al.* (2008) *PNAS*, 105: 10949-10954.
(17) Atomi *et al.* (2004) *Journal of Bacteriology*, 186: 4829-4833.
(18) 佐藤 (2012) 月刊 地球, 34: 125-129.
(19) 松原ら (2012) 月刊 地球, 34: 163-167.
(20) 杉山 (2012) 月刊 地球, 34: 180-185.
(21) Belkin & Boussiba (1991) *Plant and Cell Physiology*, 32: 953-958.
(22) 赤城乳業株式会社のインターネット・サイト『よくある質問』
https://www.akagi.com/faq/index.html (アクセス日 2018 年 7 月 28 日)
(23) Boquet *et al.* (1973) *Nature*, 246: 527-529.
(24) Head *et al.* (1996) *Microbiology*, 142: 2341-2354.
(25) Head *et al.* (2000) *FEMS Microbiology Ecology*, 33: 171-180.
(26) Barabesi *et al.* (2007) *Journal of Bacteriology*, 189: 228-235.
(27) Rivadeneyra *et al.* (2004) *FEMS Microbiology Ecology*, 48: 39-46.
(28) 中井・長沼 (2012) 月刊 地球, 34: 159-163.
(29) Lu *et al.* (2001) *FEMS Microbiology Letters*, 205: 291-297.
(30) 黒岩ら (2010) 現代生物科学入門 10 極限環境生物学, 岩波書店
(31) Takai *et al.* (2001) *International Journal of Systematic and Evolutionary Microbiology*, 51: 1245-1256.
(32) Sanchez-Roman *et al.* (2007) *FEMS Microbiology Ecology*, 61: 273-284.
(33) 吉原 (2013) 化学と工業, 66: 538-540.
(34) Noddack (1936) *Angewandte Chemie*, 49: 835-841.
(35) 原田 (1985) 日本海水学会誌, 38: 291-299.
(36) de Wit & Bouvier (2006) *Environmental Microbiology*, 8: 755-758.

第3章

(1) 南極 OB 会編集委員会 編 (2015) 北極読本―歴史から自然科学, 国際関係まで―, 成山堂書店
(2) Hurum *et al.* (2006) *Norwegian Journal of Geology*, 86, 397-402.
(3) 太田 訳 (2007) スヴァールバルの地質 (Elvevold ら著 原書), ノルウェー極地研究所
(4) Nakai *et al.* (2013) *Antarctic Science*, 25: 219-228.
(5) Yukimura *et al.* (2009) *Polar Science*, 3: 163-169.
(6) Bory *et al.* (2003) *Geophysical Research Letters*, 30: 1167.
(7) 山本 (2012) 低温科学, 70: 1-8.
(8) Cook *et al.* (2015) *Progress in Physical Geography*, 40: 66-111.
(9) 瀬川・竹内 (2016) 日本微生物生態学会誌, 31: 57-64.

Microbiology, 64, 3353–3359.
(18) Zhang *et al.* (2003) *International Journal of Systematic and Evolutionary Microbiology*, 53: 1155–1163.
(19) Hanada & Sekiguchi (2014) The Phylum Gemmatimonadetes. *In* Rosenberg *et al.* (eds) *The Prokaryotes*, Springer, Berlin, Heidelberg.
(20) Tamaki *et al.* (2011) *International Journal of Systematic and Evolutionary Microbiology*, 61: 1442–1447.
(21) 岩坂 (2012) 天気, 59: 29–32.
(22) Uno *et al.* (2009) *Nature Geoscience*, 2: 557–560.
(23) 神谷ら 監訳 (2014) ブラック微生物学 第3版 (Black 著 原書8版), 丸善出版
(24) Maki *et al.* (2013) *Aerobiologia*, 29: 341–354.
(25) Hua *et al.* (2007) *Aerobiologia*, 23: 291–298.
(26) Jadoon *et al.* (2013) *Geoscience Frontiers*, 4: 633–646.
(27) Moulin *et al.* (1997) *Nature*, 387: 691–694.
(28) Griffin (2007) *Clinical Microbiology Reviews*, 20: 459–477.
(29) Scally & Durbin (2012) *Nature Reviews Genetics*, 13: 745–753.
(30) Darwin (1846) *The Quarterly journal of the Geological Society of London*, 2: 26–30.

第2章

(1) Barrett *et al.* (2010) *Technical Report "A biological monitoring survey of reef biota within Bathurst Channel, Southwest Tasmania"*, University of Tasmania.
(2) 奥野 (2002) 第四紀研究, 41: 225–236.
(3) 桑畑 (2016) 超巨大噴火が人類に与えた影響—西南日本で起こった鬼界アカホヤ噴火を中心として, 雄山閣
(4) 篠原ら (1993) 地質ニュース, 472: 6–12.
(5) Madigan *et al.* (2012) *Brock Biology of Microorganisms*, 13th edn. San Francisco, CA: Pearson Education.
(6) Stainer *et al.* (1957) *The Microbial World*, NJ: Prentice-Hall.
(7) Brock (1995) *Annual Review of Microbiology*, 49: 1–28.
(8) Brock & Freeze (1969) *Journal of Bacteriology*, 98: 289–297.
(9) Donk (1920) *Journal of Bacteriology*, 5: 373–374.
(10) Brock *et al.* (1972) *Archives of Microbiology*, 84: 54–68.
(11) Kurosawa *et al.* (2003) *International Journal of Systematic and Evolutionary Microbiology*, 53: 1607–1608.
(12) Sakai & Kurosawa (2017) *International Journal of Systematic and Evolutionary Microbiology*, 67: 1880–1886.
(13) Takayanagi *et al.* (1996) *International Journal of Systematic Bacteriology*, 46:

参考文献・資料

はじめに

(1) Sender *et al.* (2016) *Cell*, 164: 337-340.
(2) Bianconi *et al.* (2013) *Annals of Human Biology*, 40: 463-471.
(3) Whitman *et al.* (1998) *PNAS*, 95: 6578-6583.
(4) Kallmeyer *et al.* (2012) *PNAS*, 109: 16213-16216.
(5) Takai *et al.* (2008) *PNAS*, 105: 10949-10954.
(6) Mykytczuk *et al.* (2013) *The ISME Journal*, 7: 1211-1226.
(7) Deguchi *et al.* (2011) *PNAS*, 108: 7997-8002.

第1章

(1) 日本沙漠学会 編 (2009) 沙漠の事典，丸善出版
(2) Hua *et al.* (2008) *International Journal of Systematic and Evolutionary Microbiology*, 58: 2409-2414.
(3) Vreeland *et al.* (2000) *Nature*, 407: 897-900.
(4) Graur & Pupko (2001) *Molecular Biology and Evolution*, 18: 1143-1146.
(5) Hazen & Roedder (2001) *Nature*, 411: 155.
(6) Satterfield *et al.* (2005) *Geology*, 33: 265-268.
(7) Willerslev & Hebsgaard (2005) *Geology*, 33: e93.
(8) Garrity *et al.* (2005) The revised road map to the manual. *In* Brenner *et al.* (eds) *Bergey's Manual of Systematic Bacteriology*, second edition, vol. 2 (The *Proteobacteria*), part A (Introductory essays), Springer, New York.
(9) Bergey's Manual of Systematics of Archaea and Bacteria (BMSAB), Wiley Online Library
https://onlinelibrary.wiley.com/doi/book/10.1002/9781118960608（アクセス日 2018 年 7 月 28 日）
(10) Amann *et al.* (1995) *Microbiological Reviews*, 59: 143-169.
(11) Locey & Lennon (2016) *PNAS*, 113: 5970-5975.
(12) Woese & Fox (1977) *PNAS*, 74: 5088-5090.
(13) Woese *et al.* (1990) *PNAS*, 87: 4576-4579.
(14) Stackebrandt & Goebel (1994) *International Journal of Systematic and Evolutionary Microbiology*, 44: 846-849.
(15) Stackebrandt & Ebers (2006) *Microbiol Today*, 33: 152-155.
(16) Bloomfield *et al.* (1998) *Microbiology*, 144: 1-3.
(17) Nakai, Nishijima *et al.* (2014) *International Journal of Systematic and Evolutionary*

【著者紹介】
中井亮佑（なかい　りょうすけ）
1983年生まれ。2007年、広島大学生物生産学部卒業。2012年、同大学大学院で博士（学術）を取得。博士取得後、国立遺伝学研究所で日本学術振興会特別研究員（SPD）や特任研究員などを経て、2017年、産業技術総合研究所つくばセンターで産総研特別研究員。2018年より、産業技術総合研究所北海道センターで研究員（現職）。微生物生態学を専門とし、砂漠、温泉、北極、南極など辺境に生きる微生物たちを探索する。2011年、日本学術振興会育志賞を受賞。共著書に『微生物の生態学』（共立出版）など。

追跡！辺境微生物
砂漠・温泉から北極・南極まで

2018年11月12日　初版発行

著者　中井亮佑
発行者　土井二郎
発行所　築地書館株式会社
東京都中央区築地7-4-4-201　〒104-0045
TEL 03-3542-3731　FAX 03-3541-5799
http://www.tsukiji-shokan.co.jp/
振替 00110-5-19057
印刷・製本　シナノ印刷株式会社
装丁　秋山香代子（grato grafica）

ISBN 978-4-8067-1571-9